北大建筑 ⑥

从家具建筑到半宅半园

（修订版）

董豫赣

同济大学出版社·上海
TONGJI UNIVERSITY PRESS · SHANGHAI

起点与点子

《从家具建筑到半宅半园》再版序

我之前出版过的两本书，都在半年左右重印，这本书却迟迟没有消息，我以为是它作为丛书系列的代价。后来，很有几位读者都说我的那本书已断货，就向编辑王海林探听情形。当初我那本由她编辑的《文学将杀死建筑》，意外成为电力出版社当年最畅销的书籍，促成她邀请我主编了这套"从"丛书，这次向她咨询丛书出版的后续情况，得知她早在丛书出版前就已离开出版社，去了地产公司，而将后续之事，交给了另一位编辑，还问我要不要帮忙联络，我婉言谢绝了。自从我开始写作以来，无论是出书还是发文章，我对出版社名头或刊物级别，都不甚在意，唯独对与我具体合作的编辑，极为挑剔，我几乎从没有与陌生编辑交往的习惯。

后来又陆续出版了几本书，也都先后重印，每次都有零星的读者，将我的新书与这本旧书比较，多半都认为不如那本旧书读得过瘾。最近一次听到对这本书的评价，是疫情间在北大古建研习班的一次讲座，课间休息时，学员们拿来我的书索要签名，因为是园林讲座，多数都是《玖章造园》，让我意外的是，竟有两位学员拿着泛黄的《从家具建筑到半宅半园》，就顺口问是在哪里买的，都说是从旧书网高价淘来，她们彼此交流购书的差价，居然相差近百元，我忍不住又问，为什么会买这本书，她们都不是建筑学专业，却都觉得这本书有助于外行们理解建筑。

后来与周仪提及此事，她说她当初也是被这本书带入建筑学的学坑，并直接影响到她后续从古建专业转向建筑学的选择，无论是她在宾大撰写艺圃专题的博士论文，还是她在港大撰写的中日小木作比较的博士论文，她都试图找到一个切入建筑学的类似起点。她以为，我选择的那个家具起点，看似偶然，实则幸运至极，与家具密不可分的身体，才是家具、建筑乃至园林共享的专业问题，它不但担保了这本书近乎单线般的连续感，还贯穿了后来《败壁与废墟》与《庭园与场景》那两本书的主要话题。

我承认这个家具起点的幸运，但我依旧以为，如果没有对某一问题持续多年的思考，不管多么有潜力的起点，多半都会沦为一时兴起的点子，无论多么核心的专业问题，也终究会变成泡沫般的时髦话题。

自从我在《败壁与废墟》里谈及雁行式平面，源于接触自然的欲望，对雁行式的研究多了起来，但在我为数不多的校外评图经验中，雁行式更多是以点子或时髦的话题所呈现。在清华的那次评图时，一位学生虽在林地里布置了一个雁行式平面，落实到建筑设计时，却对周遭自然完全失去反应；而在港大的另一次评图中，一位学生宣称她在教学楼中设计了一条雁行式走道，我当时几乎气结，我问她一条被两侧教室包裹还曲折得无法窥视自然的折廊，为何偏要带入一个雁行式的时髦话题？

将起点当成终点的点子，并非学生的特有习惯。就在我上个月驻守溪山庭的工地期间，一如既往地来了一群各有建树的设计师，一些是为参观工地的新进展，另一些则带着他们自己的设计或实践要我评述。一位设计师在讲解他的设计前，不但罗列了我在《败壁与废墟》里为展开废墟议题所提及的一半案例，还罗列了另一半我不曾见过的案例，而这些案例与他随后讲解自己的设计之间，我看不出任何关联，我要求他倒放一下自己的PPT，重审两者之间是否有哪怕一丁点的关联。他先是茫然，继而沉默，说是我没问他时，他觉得自己既然是想以那些案例为起点，那就应该有所关联，但在我问过后他自己仔细想想，好像又确实没什么具体关联。

我忽然就泛起无法也不愿评述的无力感。他是我近年所见最爱读书也最爱思考的设计师了，竟会一样无视话题与设计间的明显断裂，我对读书或思考是否有益于设计，开始有些模糊的动摇。就在我们彼此都很沮丧的那个时刻，我忽然记起多年不读的路易·康讲过的一段话：

"正是起点确保了连续！不然，无物得以存在。"

我在想，对问题思考持续的时长，似乎还不足以担保起点的连续性，只有将形式追溯到问题缘起的那个起点时，它才能担保对形式持续的推动力，我对清华那位学生总图的雁行式的遗憾，是雁行式的自然起点，完全没能推动他的设计，没有这种连续的推动力，停留在原点的起点，就只是一个毫无驱动力的点子。当年，或许正是被路易·康相关起点的论述所吸引，我才会为那套丛书取了一个"'从'丛书"的古怪名称，我在丛书序言里所表达的愿望，就是想从建筑界筛选那类从某个起点经历连续性思考所推演的设计或实践。十几年过去了，当时与电力出版社的合同早已过期，我与同济大学出版社签署《败壁与废墟》的十年合约，也即将到期，与我商议再版续约的李争编辑，愿意同时再版《从家具建筑到半宅半园》，因为不是再版整套丛书，她建议我删去当年为"从"丛书所写的丛书总序，但我还是希望保留那一版的原序，它既是我当时对这套丛书的期待，更是我对自己这本书的要求。

而我真正学会思考的最初起点，是我在本书关于601的后记里所记述过的经历，翟辉多年前就提醒过我，我在后记里提及601宿舍常驻的三位昆明朋友的姓名，竟有两个人名错误，其中一位还连姓带名都错了，愧疚多年，这次终于可以修正。而原书附录的"清水会馆图游记"，因为清水会馆的意外拆除，就多了层相关记忆的独立意义。拆除前，有不少朋友前往抢拍了不少照片，尤其是柯云风还单独去过几次。无论是甲方还是编辑李争，都希望我单独为清水会馆出一本时过境迁的画册，但我历来不爱看画册的习性，促使我想以《从砖块到石头》的题目，撰写一些这些年我从这两种材料得到的不同启示，作为它出自"从"丛书这一起点的延续，并补充一些我一贯懒于绘制的细部插图。

"从"丛书原序

自王明贤七年前主编一套"贝森文库—建筑界丛书"以来，中国建筑界似乎再无关于中国建筑师像样的丛书。去年，电力出版社邀我主编一套"建筑师丛书"，那时，考虑到王明贤先生正值调养生息之际，不敢纷扰，勉力承担，如今事情过半，益发觉得主编之事，非我所能担当，一者，我无王明贤之包容，这使得本丛书所选作者范围比较偏颇；二者，我无王明贤之大局观，又使得本丛书无从涵盖中国建筑界的诸多盛事。

而我只能将这两项缺憾看作该丛书的两项特点：

范围狭窄但力求清晰；线索单调但力求连续。

这套丛书并不承担建筑学的所有问题，"从"丛书既不收录建筑师的所有作品——它不是产品目录，它也不收录那些看似精美但不经思考的作品——它不是建筑摄影集，它只待以"从 X 到 Y"为狭窄但清晰的问题，对建筑师追问这样的问题——当初从什么角度介入建筑实践，在持续的实践过程中，这一视角是否得到过持续的聚焦、矫正、转向？这视角将从建筑师复杂的实践中筛选出能被这一问题所考量的作品。

但这筛选的作品仅构成该丛书的材料准备，重要的是，建筑师本人需要以文字思考来检讨这些被选作品之间的内在推动力量，这将构成丛书的第一部分内容——其质量与建筑师能从火热的行情里腾挪出的思考时间长短成比例；相关这些作品过往所展开的有质量的访谈、理论评论或自述的图文将构成本书的第二部分。但是，如果不基于对建筑师本人的切入实践的视角与实践作品的实现程度进行相互比照，"访谈"通常变成一幕相互寒暄的双簧而缺乏交流，"理论"则经常成为对建筑师自叙的复述而失去敏感，而"自叙"又因为建筑师本人身在其中而难免挖掘不足或诠释过度，因此，该"丛书"尤其需要年轻、无畏，且具备一定提问能力的提问者与建筑师一起完成最重要的第三部分——他（她）能针对建筑师"筛选"的作品与"自叙"的目的之间，提出有细致、具体、敏感而且尖锐的针对性拷问，自然，最后的拷问将留给那些还有时间，还没对建筑思考丧失兴趣的部分读者来继续展开。

董豫赣

2009 年 7 月于北大镜春园

目　录

序：模板、模型与模样

1

"清水会馆"尚未最后竣工，周榕应 DOMUS 中文版杂志之请，与我在工地现场进行了一场激烈对话（见附录 1），其间几路分歧，似乎都可体现在对如何使用"砖"的差异态度里——针砭我在"清水会馆"里一再谋求的赋形的确定性，周榕对我的疑惑是：

你为什么就不能让砖即兴跳舞？

我的即兴回答是：

那我得先知道让砖跳啥样的舞！

或如周榕所批评，我面临建筑的紧张感，使我不敢纵容材料自身的表现力。确实，如果我不能找到某种像模像样的确切意旨，我甚至不知道是该让砖跳场砖舞呢，还是让它唱支砖歌，抑或像路易·康一样，干脆让它讲个砖故事？

可那砖，当年在康的一再追问下，似乎也没怎么讲述它自身的材料故事，明明是砖材料，却偏偏讲了个相关结构的拱故事。

2

最近，我在弗兰姆普敦的《建构文化研究》里，读到赖特当年对更具舞蹈潜力的混凝土材料所作的才艺性判决：

"从美学角度而言，混凝土既不会唱歌，也不会讲故事。人们无法从这种面团式的塑性材料中看到任何美学品质，因为这种材料本身是一种可塑的混合物。水泥是一种凝固材料，它本身没有任何特点。"[1]

与"表皮理论"对能用材料排列出无穷形状的乐观不同，第一代现代建筑师初遇混凝土无穷可塑性的材料兴奋，很快就得到来自如何确切赋形的冷却。混凝土虽说具备无与伦比的塑形能力，但却偏偏缺乏任何确定形。其情形就好比在那

---

[1] 肯尼斯·弗兰姆普敦. 建构文化研究 [M]. 王骏阳，译. 北京：中国建筑工业出版社，2007：110.

层表皮理论里——材料虽能排列出无穷形状，但排列本身既不能判断也不能甄别任何被排列出的纹样价值。柯布西耶选择斐波那契数列来排列马赛公寓的混凝土立面，乃是基于两项颇为古典的意旨——它与黄金比的近亲关系，使它得到了来自"比例"的价值判断；而它与身体之间所能保持的各种度量关系，使它又得到来自"尺度"的相关甄别(图1)。

图 1 模度立面

没有这类甄别与判断，混凝土，虽能被塑造成一切模样，但却无法回答它将被模塑成什么"模样"这一赋形问题。即便无所不能的上帝，在他为亚当赋形的创造里，也得依"模"描"样"：

"上帝用泥按自己的'模样'创造了亚当。"

上帝所用的泥土材料，堪比混凝土的水泥潜力，但上帝首先需以自身的"模样"当作"神模"，才能将这泥材，塑成人类的"泥样"。在此赋形程序里，"模样"重叠了不可或缺的两步——"原模"与"成样"(图2)。

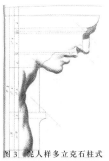
图 3 泥人样多立克石柱式

图 2 上帝造人模板

依照这一程序，"多立克"柱式的赋形，就可被认为是依据亚当的男性泥"模"所成的雄壮石"样"(图3)。上帝随后用亚当的肋骨型材模塑出颇具骨感的夏娃，也颇具建筑学的赋形启示，这正可考察希腊柱身凹槽之肋与哥特教堂内部拱肋的骨感关系(图4)，或者还能模塑出"希腊—哥特"这一血缘之外的另一层骨缘关系。

图 4 泥模石肋

3

按"建构理论"对材料赋形的轨迹描摹——希腊神庙的石头材料的结构理性，曾以木样结构的神庙为"原模"，才塑成了石头神庙后来的木"模"石"样"(图5)。而现代混凝土，这一被认为最接近石材性能的"人工石"，在第一代混凝土大师佩雷那里，也只有当它返祖到具备结构理性的"木模"当中，原本"无模无样"的混凝土才能"像模像样"，佩雷就此将"木模板"看成混凝土成型的"先决条件"：

"人们甚至可以认为，佩雷是刻意用现浇混凝土材料表现框架形式，试图将古希腊建筑从木构走向石构的转化过程重新逆转过来。不过佩雷一直重视混凝土建构特性的来源，对于他来说，木模板乃是混凝土建筑存在的先决条件。"[1]

为了给混凝土赋以某种具备价值的确切形状，佩雷只得将这价值事先精心施加在为它所织造的"木模板"上。据信，为给混凝土塑造一个"像模像样"的柱头"式样"，佩雷就花费了十年时光(图6)。

就此而言，"式样"与"模样"乃是同一赋形过程的两种差异表述，都是"依式与描样"这两层关系的重叠说明，尽管"式样"如今被颠倒为某种立面肌理的图案"样式"。

4

当年轻的赖特与年轻的路易·康初遇钢筋混凝土时，混凝土无与伦比的可塑性反而成为不能糊墙的烂泥混沌。因此，在早年实践里，赖特放弃了潜力无穷的现浇混凝土技术，却相中了混凝土砌块，是因为它已类似了传统砌块的先在特征，赖特才能用它得自传统砖石结构的习性来对传统结构句法进行复述与比照(图7)；而康早年看中的装配式混凝土预制构件，也是因为这一型材先天具备某种木结构的先在模样，他因此才能在装配它们的时刻，依据木材料的结构理性来显现混凝土现浇时刻的节点痕迹(图8)。

康在解释这些材料组装痕迹的价值时，曾将这一赋形手段看作是对现代艺术(印象派？)保留笔触痕迹的复述。既然这"痕迹"能被"结构理性"之外的"艺术"所赋值，就使得康在后来能坦然面对混凝土的现浇问题——他不但可以借助"木模板"来为混凝土浇铸某种结构理性的线脚，还能坦然将"钢模板"痕迹也精心处理成可被安藤忠雄借鉴的节点(图9)。

[1] 《建构文化研究》第149页。

即便傲慢的赖特，当他终于要在团结教堂(the unity temple)面对"本身没有任何特征"的现浇混凝土时，与佩雷一样，他也将"模板"问题当作现浇混凝土赋形的首要线索：

"混凝土浇铸需要木模。这永远是建筑造价增加的主要因素，因此尽可能重复使用木模板就不仅必要，而且也是必须。一个四面相同的建筑看上去就像一个物体一样。简而言之，这意味着建筑应该使用方形平面，而整个教堂则应

图6 木模柱样　图9

图7 混凝土砌块住宅　图8

该是一个立方体——一种崇高的形式。"[1]

这位一向以否决权威为荣，并自以为一贯正确的赖特，在此仍需借助建筑学古老的"经济性"价值，来为这"模板"输入初始的赋形条件：

"尽可能重复使用木模板。"

这样才能促成这一现浇建筑的赋形"雏样"：

"一个四面相同的建筑。"

由此"模板"重复的"经济性"，才能推导出下述平面的模"样"：

"建筑应该使用方形平面。"

但是，即便"模板"在四面重复，方形平面也未必总能附体为一个立方体，它更可能是个扁方体。赖特还得借助点别的什么，来为这一立方体建筑提供附体的灵魂：

"整个教堂则应该是一个立方体——一种崇高的形式。"

立方体这"一种崇高的形式"，确实具备某种建筑学的先启价值，但它既非建筑学的内部价值，更非混凝土自身的材料欲望。但是，这一几何价值既可被教堂的"unity"教义所功能确定，又能被柏拉图以柏拉图形体所哲学赋值。上帝无所不能的无穷潜力，在柏拉图看来，起初也是难成模样的"混沌"，这"混沌"，固然接近被上帝当作造人材料的泥土特性，也接近被建筑师当作现代材料的混凝土的特性，但是，一旦柏拉图试图将这团"混沌"的上帝描述为某种具备特性的"唯一"神祇时，他也得将上帝描述成一个最接近"混沌"，但却异常确切的"球"——它只需一个赋值与一个旋转动作（图10），这"球"的神性才能作为"神模"为所有其他柏拉图形体赋值"成样"——它们都是球体内切"模样"的神性子孙。

正因为柏拉图形体的这一"神模"价值，大于任何天才的个人见解，它才能为包括柯布西耶早期作品在内的一些新建筑，提供有别于结构理性的赋形且载体的能力，结构痕迹或材

[1]《建构文化研究》第109页。

料节点，在早期现代建筑里，就可以先被底料找平，又被白色涂料涂抹成纯粹的柏拉图几何体。当安藤忠雄要在"光之教堂"里，供奉一个习惯了巴西利卡长向空间的神祇时，他不能借鉴赖特教堂里的"神圣正方体"，安藤就将这个长方体空间度量为两个立方体，它就因为能内切两个神球而成为现浇混凝土空间得以塑形的"原模"，安藤才可以简化康在清水混凝土里的模板痕迹，而放心地将混凝土交给几何形体的纯"模"间，来锻造建筑单纯的柏拉图几何形体——这正是他得自柯布的先启。

由此而言，万神庙43米的穹隆直径与43米的空间高度的神性吻合（图11），乃是球体最亲密的杂交亲戚，它不但可以供奉古罗马泛神论时期那些半神半人的杂交神祇们，还能为现代"上帝建筑师们"面对现代混凝土材料时，提供两种赋形的不同依据：

万神庙穹顶的结构与填充的区分线脚提供了结构理性的式样；其空间正好内切球体的几何神性，又为失去神性的现

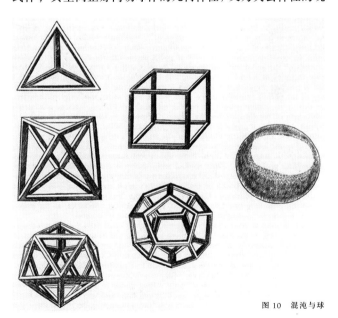

图10　混沌与球

11

代建筑出具了球体的几何拯救——借助布雷在法兰西建筑学院的工作（图12），勒·柯布西耶扩展了柏拉图几何形体在现代建筑中的赋形意义，并避免了现代建筑沦落到被雨果预言的那种任意"石膏几何体"的几何堕落。

5

如此看来，在建筑"模样"这一异常重要的赋形过程中，"上帝建筑师"在人间浇铸混凝土所使用的一般"模板"，可被看作是对上帝造人的"神模"模仿，至于上帝的"独创性"在人间如何获得的问题，佩雷的担保是将铸造建筑所用过的模板一次性彻底销毁。这多少迷惑了后来的建筑师，人们自此将"与众不同"的无模幻象当作"独创性"，但"与众不同"有时只需勇气与运气，但能否找到像样的"模板"则还需要敏锐与判断。

这些我新近从《建构文化研究》里读出来的混凝土模板的赋形线索，与我一年前所撰写的一篇《理论七窍》里，所梳理出的相关神话的理论线索，殊途同归：

"从理论构建的目的与方式而言——没有文艺复兴与古典主义的理论区别，没有现代主义与后现代主义的理论区别，没有保守理论与先锋理论的区别，没有宏大叙事与微观叙事的区别——人类一旦试图建立起某种像样的理论或有效的叙事，总是要回到神学体系的模式，它总是要从超出自己力量的地方嫁接某种力量来确保理论部分的神谕力量而不是絮叨的虚无——后现代假借街道民俗、地域主义假借地方文化、高技派假借技术、涌现理论假借电脑的自动生成……这些嫁接所呈现的杂交模样以及杂交后果的多样性状况都像极了泛神论时期的状况，并且也注定要面临泛神论体系的一样瓶颈——所有理论的可信推论都将维系在一个不太可信还不能质疑的确定性前提上。即便取代了神学地位的科学也是如此，譬如数学也存在着一个无法掩盖的公理肚脐——公理可以推导出别的公式，公理本身却不能被推导出来。

它既然证明了神学体系的肚脐漏洞，也就同时证明了完全自明的理论体系梦想的幻灭——理性总是要借助不能理性的起点、科学论证总是要借助不能科学论证的起点、学科内部体系的建立总要假借不能被学科内部化的外部起点才能发动，所有体系里，都将存在一个无法消除的嫁接盲点。

中国美院的张毓峰对这一盲点有过精辟的描述：作为同时连接大脑视神经与眼球晶体的盲点——没有它就完全不能看见，有了它就必然有一处不能看见的盲点。

第一点明确了理论的必须——理论总是要看见什么；

第二点则暗示了理论的范围——它不可能看见一切。"[1]

既然这"盲点"也具备与"模样"这类关键词类似的重叠特征，我就不太信任那些过于自由的理论或实践。基于第一点，我不信任那些宣称有与建筑实践无关的超然理论，因为它大可以占据别的什么"心灵鸡汤"或"道德宣言"这类真正轻松或真正严肃的名义；基于第二点，我非但不信任那种宣称唯一正确的理论，既然它本来就有个贴切的"真理"名称；我还不信任那些能诠释一切实践的理论，既然它原本也有一个更为简朴的本名——"设计说明"。

6

假如这样，我自然也不愿意单独谈论"清水会馆"相关砖

---

[1] 未发表，但此稿交予《世界建筑》一年有余。

图11

图12

材料自身的表现性问题。我很少，甚至常常表现得对"清水会馆"里相关砌砖工艺的讨论不甚热心，因为我从没想过要挖掘这一材料或许无穷的表现潜力，我既无可能也没必要制造那一切。既然工匠对砖有着远比我还熟悉的技巧，我只需将我所能够明确的某种意图告诉他们，并期待他们为我提供可以表达这意图的某种匠作技巧。

这程序，既是我过往对西方建筑学的"模样"理解，也是我对中国艺术相关"意匠"的理解。因此，我在工地上的困难倒是，我总得事先将这些意图明确描述出来，并以此来为工匠的砖造技术下达意图明确的指令。

可能正是这些意旨过于确切，才引来周榕的批评。

如今检视那篇对话体的文字，我依然能感受到周榕语锋的逼人光芒，以及我当时在猝不及防状况下的应对汗浆。但是，重申这一对话文体罕见的流畅性，却让我此刻疑窦丛生——平日聊天上课时，我那海阔天空的从容何在？我倒像是被带入他设计好的对话假象中，而我的对白不过是作为他从"宏大叙事"转向"个人微叙事"这一视角转向的旁白帮腔，这转向，原本与我在"清水会馆"里所思考的问题无甚关联，但周榕却成功地让我进入他所选定的"个人微叙事"语境，可一旦我试图拙策地进入这一语境，并试图模拟他的那种让我陌生的"微叙事"时：

"所以我觉得最重要的是你就做你能做的事，跟自己的气质比较匹配。"

我却惊恐地发现，"对话"语境，顷刻间就蜕变为魏晋名士的"清谈"。"清谈"虽也需要辩论对象，但却并不需明确的立场，胜利只属于那种站在两个相反立场上都能分别获胜的"清谈"大师：

"你要说到这个地方那就没有什么可说的了，因为这牵涉到什么建筑是好的，因为这没有最后的定论，每个人喜爱的不一样。"

这原本正是我在"对话"之初把持的立场。早在写作《极少主义》时，我就意识到，"宏大叙事"所导致的"没什么可说"，与"个人微叙事"所导致的"没什么可听"如出一辙——在"宏大叙事"的年代，只有对宏大叙事的聆听，而没什么说的个人机会；而在"个人微叙事"时代，所有个体都有絮叨的言说权力，但却没有任何絮叨值得聆听（罗兰·巴特语）。

而现在，我得承认，周榕属于那种出口成章的罕见才子，而我只是那个"总在事后才有千言万语"的临场迟钝者，我此刻正在事后细读周榕对"清水会馆"那两个洞口模样里，所看见的"不错"与"别扭"：

"比如说这面墙上这俩洞，确实看着不错，但我就不太喜欢。其实从建筑学来说它是很规矩的，但是我看着挺别扭。"

我此时也甚觉别扭，因为，不正是"清水会馆"那两个"在建筑学上看来比较规矩"的洞口模样，才可以在建筑学平台上得到有效评价或积极交流么？但基于他个人对这个站立了20年之久的专业平台来自时间的厌倦，他放弃了这个不乏效率的交流平台，却同时还要求我也放弃我在我这一"个人微叙事"里获得的某种满足，而听从他在这次"个人微叙事"里发现的视觉"别扭"。

7

假如周榕此刻还在我面前——我猜想他一定又将目光炯炯地展开这样的绝地反击：

可你这"个人微叙事"，骨子里明明还是"宏大叙事"嘛！

谢天谢地，此刻他不在我面前。我反而可以坦然审视他猛然抛来的这两条一早就被我认定为一样陡峭的绝壁，如果非要选择，我宁可从"个人微叙事"与"宏大叙事"的峭壁间寻求第三条出路，这出路，曾被埃森曼简练地描述为"差异的复述"。

比起被教条化的"宏大叙事"与被虚无化的"个人微叙事",我更信任阿尔伯蒂对维特鲁威的复述中复述出来的某些差异;我也信任埃森曼又对阿尔伯蒂的这一复述进行再复述中所中途复述出的更加细微的差异。但是,难道不正是埃森曼早期"宏大叙事"那一"结构主义"式的极端自明,才迫使他后来走向"个人微叙事"那一"解构主义"式的极端武断么?

或许,正是居于两极武断之间的差异复述才是"个人微叙事"所能攫取的安心药丸。此刻我甚至还觅到了"差异的复述"与"模样""式样"或"意匠"所具备的近似性——正因为是"复述",个人就可以仔细选择那些让自己信任的先在"原模"进行"复述"。

其间,"自主性"就体现在对"复述"对象的选择上;而我们如今过分看重的"创造力",则附着在"赋形"对"原模"的"复述"中总能呈现出的细微差异上。

这类"复述",才使得我与周榕针对另一个他也看着别扭的窗洞讨论具备交流意义,最终我们都同意——如果按照拔风这一帮我洞口成型的"原模"理解,那么,基于对微环境的细微风向,它或者就能避开我对此提供的未经思考的居间模样(图13),而让它进入某种看来奇妙的位置。可是,周榕建议的这一奇特位置,似乎正是对拔风功能更细微的复述中所呈现出来更确切的赋形。

如果周榕不是一定要将"功能复述"看作"宏大叙事"而要迫我摒弃,而能同意"个人微叙事"就是对"宏大叙事"展开的某种更加细微的个人"复述"的话,那就正是我孜孜以求的"差异性复述"了。即便在这功能"复述"过程中,往往会伴随着这种或那种成见,但我还是宁愿选择建筑里被验证过的那些宏大部分,譬如这功能——来进行仔细"复述"。

其原因倪梁康教授在"现象学与建筑学"会议上表述得言简意赅:

"与其创造渺小的,不如理解伟大的。"

如果只讨论建筑学,我希望将它改成:

"与其创造渺小的,不如复述伟大的。"

我自然也知道,来自周榕的批评并无其他。基于多年的友谊,他只是试图帮我卸下那些能让我安心的伟大枷锁,摆脱"功能叙事"或来自别的什么"宏大"影响,无论是柯布西耶还是路易·康、无论是民居的还是园林的先在性桎梏,他只是希望我能有朝一日完全听任我个人内心的即刻反应,用他最后用以结束对话的谆谆教诲就是:

"你能为自己做主就不错了!"

这何尝不是我的实践向往?

但是,我并不能为自己做主。从逻辑而言——能为我"做主"的这个"主",总得具备高于我本人的智慧,但这不可能是我本人。那么,难道我只能在完成我本人都无法确认价值的某件作品之后,还要以"这作品真实表现了我的个人微叙事"这类混沌话来安慰自己么?但我怎能确定这团"混沌"一定就是上帝之初的神圣"混沌",而不是我满脑稀泥般的思索"混沌"呢?从概率而言,后者往往还具备更多可能。

自然还有最后一个办法就是等——等到某个灵感降临的时刻,进入某种自动创作或自动涌现的美妙时刻,但,那不也

图13

正好是我不能"为我自己做主"的那个巫术时刻么?

相比于信任"灵感"的这类"自动写作"或"自动涌现",卡尔维诺都不甚信任,他宁可信任某种确切些的古典规则:

"一个按照他熟悉的某些规则创造古典悲剧的作家,比起一个靠头脑里灵机一动而创作的人,要自由得多,因为后者要受那些他还不知道的规则的奴役。"[1]

卡尔维诺为文学所担忧的赋形问题,在建筑界也一样堪忧:

"当文字不再援引权威或传统来证明自己的起源与目的,而是一味追求新颖、独特与创新,在这样一个时代里幻想将会是怎样呢?"[2]

卡尔维诺在名为"形象鲜明"的文章里,所作预言是:
视觉幻象将统治一切。

8

我与周榕或者并无原则分歧——如果他能同意我对"个人微叙事"里添加的某种"确切性"凝结剂的话。在我狭隘的视角里,没有"确切性"前提,"个人微叙事"要么变成某种不能讨论的自明性武断——而这正是当初"个人微叙事"对"宏大叙事"的批判;要么变成上帝之初的混沌模样——将一切都置于不可言说的潜力模糊处,这虽是迷信与科学都曾加以肯定的做法,但与迷信不同的是——科学承认未知并信任其潜力,但不肯就此将这未知当作判断世间万物的唯一价值。

它宁可将这模糊悬疑存惑,至少还能指望在将来可能逼近那团混沌与模糊。

这悬疑,既能避免对任何一座建筑之美都以"此难以与俗人言"这类模糊口吻进行评价——譬如对卒姆托的"还愿教

堂"——这将把建筑评论引向对教师与学生、建筑师与甲方之间到底谁是那个俗人的口角之争。

它也能避免那种"做过头"之类的指向含混的批判——譬如对斯卡帕的布里昂墓地里混凝土的具体工艺(图14)——如果这真是批评或判断——至少也要往前追问一步,斯卡帕原本想做成什么模样?否则连工艺停止的合适地方尚不清楚,那么对此所下的"做过头"的无厘头判断,才真有些过头而变成无的之矢。而这流矢,对建筑评论而言,真正是过于锋利了。

我得承认,当我将云南民居的某个红砖砌筑的"喜"字(图15),与斯卡帕那个混凝土现浇的"囍"字(图16)相比照时,我确实一时思路模糊——它们"模样"近似,按照弗兰姆普敦透露的消息,斯卡帕这个"囍"字乃是中国文字的舶来品——我猜测斯卡帕本人未必清楚这个舶来文字的喜庆意义,才肯将它近乎调侃地搁在这座白"囍"的墓地里,它似乎就此丧失了相关"意匠"里确切的意义部分。但它为何并未简化成文丘里失去意义后的简陋符号?何况,我甚至还能感觉到它的建筑学质量远超过民居山墙上那个意义明确的"喜"字——这或者会冒犯某些民粹人士——如果说是斯卡帕精湛的模板工艺拯救了这个"囍"字,我要问的是,到底是什么原因让这类建筑师(密斯、路易·康、斯卡帕)甘心投入如此多的相关身体劳作的工艺施加其间?这一技术劳作的动力何在?

或许斯卡帕在这个"囍"字上以及别的细部上,用窄模板广泛施加的11厘米的混凝土线脚,具备了与斯卡帕名字字母数字之和11的神秘重叠,既然这是文艺复兴以来一些伟大建筑师——维特鲁威、帕拉第奥甚至赖特都曾以"上帝之名"行使过的成样方法,或者它就具备某种"原模"力量,促使他对它施加了某种确切的技艺,它就为我们对这个"囍"字的各种模糊的美学猜测提供了某种可被确切讨论的初始依据。尽管我对这种猜测的确切性始终都模糊未定。

关于"模糊"的美学价值与"确切"的建筑学意义,卒姆托

[1] 伊塔洛卡尔维诺. 卡尔维诺文集 第5卷: 美国讲稿内容多样[M]. 吕六同, 张洁, 主编. 南京: 译林出版社, 2001: 417. 另外, 对"自动写作"与"灵感"类似的批判在《为什么读经典》里, 还至少有过两次。

[2] 同上,《美国讲稿·形象鲜明》第388页。

最近在《思及建筑》里有过精辟见解，他假借卡尔维诺的某段文字来展开讨论：

"卡尔维诺在他的《未来千年文学备忘录》中告诉我们：意大利诗人贾科莫·列奥帕第看见一件艺术品的美，对他而言则是文字之美，文字的模糊、开放和不确定，能使得形式向许多不同意义开放。"[1]

但是，卒姆托的建筑师身份，让他替我们问出相关建筑学的这一重大问题：

"然而，建筑师如何在他设计的房子中得到这种深度和多样性呢？模糊和开放能被设计吗？"

"在列奥帕第的一段文字中，卡尔维诺找到一个令人惊讶的答案。卡尔维诺指出，在列奥帕第自己的文字里，这个不确定性的爱好者对他描写的和提供给我们的预期的事物展示了十分的忠诚，卡尔维诺得出这样的结论：'这就是列奥帕第对我们的要求，他让我们品味模糊与不限定的事物的美！他所要求的是确切地、细致地注意每一个形象的布局、细节的微细限定、物体的选择、光照和空气，这一切都是为了达到高度的模糊性。'卡尔维诺以看似荒唐的声明作结：'朦胧诗人只能是提倡准确性的诗人。'"[2]

我以为这是将建造者与鉴赏家身份区分后的清晰结果——只有在建造者（小说家）清晰叙述的努力当中，鉴赏者才能依据它生出无穷想象，而这想象的质量，正由前者提供。

我以为这与康所说的——以"可度量"的建造方式来成就建筑"不可度量"的气质——并无二致；我还以为，正是在

图14

图15

图16

[1] 这是万露新近翻译的卒姆托《思及建筑》（Thinking Architecture）（未发表）的译文借用，卒姆托借用卡尔维诺的《未来千年文学备忘录》，在《卡尔维诺文集》里则译成《美国讲稿》，卒姆托截取的一段文字出自《美国讲稿·第三讲 精确》，我作过仔细的笔记，却遗漏了卒姆托选中的句子，这似乎正可说明"差异性复述"的魅力。

[2]《美国讲稿·第三讲 精确》。

"模板""模样""式样""意匠"甚至那"盲点"里，它们一律复合着建筑赋形所必需的两层牢不可分的关系，才使得建筑有能力叠加艺术家的"艺术"与工匠的"技术"——这两种相辅相成的力量，"建筑"才能成为"architecture"，而不是分离为徒具艺术表象的"art"或只是技术的"tectonics"；我甚至还以为"模板"的英文"formwork"，就重叠了这两种相辅相成的力量，它虽包含了"form"与"work"这两层含义，但是，无论康对"form"有着怎样的"艺术"敬意，他恐怕也不肯将相关"work"的工匠"技术"，从这建筑模板里抽离出去，对这一点，康表述得异常清晰，我就愿意全无差异地"复述"如下：

"在我看来，艺术家和工匠之间没有差别。工匠只有成为艺术家才是真正的工匠，艺术家只有成为工匠才是真正的艺术家。如果要将他与其他进行创造活动的人区别开来，那是一个能够引发崭新想象的人，那是一个有能力从不同的视点考察的人。"③

9

现在，有了这些相关建筑赋形的"宏大叙事"的铺陈，我似乎可以以"从家具建筑到半宅半园"为线索，来对我本人对建筑赋形的思考与实践经历展开个人微"复述"，但事实发生与文字"复述"所必将呈现的"差异"，自然不能被归为是我的某种"个性"，它只是我从读书到教书，从概念到实践这十余年的时间所施加的涂抹所致。如果在这"复述"的文字章节间，还呈现出某种开头明晰而结尾模糊的倾向，这模糊也不是我所追求的境界，它也拜时间所赐——既然时间还未来得及将我眼下的思考沉淀分层，它甚至就还有一叶蔽泰山的时间透视——近大远小——所带来的蒙蔽危险。

③ 路易·康《我们变迁中的环境》，1964。这是几年前苗笛帮我翻译的《路易·康演讲录》（未发表）的文字截取。

从家具设计起点

是"艺术与错觉"？还是"艺术与幻觉"？

针对贡布里希一本著作的这两种译名，当初李岩与吕彪在宿舍里对此的文字计较，让我颇感惊讶。对关键字词的译文如此较真，是我一向所迟钝的，但对这争论所涉及的深广度的向往，让我对关键词自此具备了习得性的关注，这很快影响了我随后的阅读。

当时正阅读汪坦先生主编的"建筑理论译丛"中的几本，它们碰巧都对"Arts and Crafts Movement"着墨甚重，这提醒我对它"工艺美术运动"这一通行译名的计较。

我意识到，对它的直译"艺术与技艺运动"，虽说拗口，但至少保住了它所涉及的建筑问题——"艺术与技艺"的关系讨论。但"工艺美术运动"的译名，却使得它变成介于名词与形容词之间的某种美术纹样，这不但模糊了"艺术与技艺"间那层"与"字关系，还使得莫里斯针对"艺术灵感论"的反驳——根本没有这回事，有的仅仅是技艺而已——里仅有的"技艺"，也落单为抽离艺术之后的孤单技术，而掩盖了"艺术"或"技艺"，原本都层叠了"艺与术""技与艺"的两层牢固的关系。

这两层关系，在拉斯金的"新艺术运动"那里，被表述为对"艺术与手工技术"关系的哥特向往；在柯布西耶的《走向新建筑》那里，则表述为"艺术与机器技术"关系的先锋乐观，其间，被讨论或被改变的只是不同时代的"技术"成分，但建筑所层叠的"技术与艺术"这两层关系，并未招致拆解破坏。因此，不同时代的建筑，才都能围绕这一核心问题展开建筑学讨论。

格罗皮乌斯后期的"去艺术"倾向，一度使得现代建筑被简化成雨果所预言过的"石膏的几何体"的落魄模样；而文丘里《向拉斯维加斯学习》里的"去技术"倾向，又曾让后现代建筑虚化为被雨果讥讽过的某种前台风格，而失去建筑学坚固的内部躯干。我模糊地意识到，"艺术与技艺"的"与"字关系，或许正是能贯串建筑史的少数核心问题之一。

它虽非开启那把巨大锁头——"什么是建筑"——的绝配

钥匙，但却是铸造这一问题相关锁头与钥匙的双面材料。我认为，建筑设计里那些意义重大的"与"字问题——概念与设计、理论与实践、理念与模仿只是"艺术与技术"这一关系框架的"与"字填词。我以为我终于找到一把庖丁解牛的利刃，能帮我解剖建筑学内部那些错综复杂的肯綮关节，并帮我获得在建筑学科内可以游刃的确定视野，但最终发现这把"艺术与技术"的合金庖刃，并不能切开任何建筑庖厨里诱人的"鱼与熊掌"——建筑既非特立的"艺术"，也非独行的"技术"，它们密不可分。我原以为下刀之处，或能同时砍中建筑"艺术与技术"的两处核心，却发现从那一骨核下这刀口，简直就成为不可两全的两难尴尬。

刚开始教书，我曾以各种理由——譬如选择教外国建筑史以自学——来掩盖我没能找到这一准确切点的尴尬状况。

一次为系办公室设计家具的机会，给了我一个忽如其来的家具起点——它需要设计，但不如建筑那么错综复杂；它需要一个设计的切入点，但不那么让我敬畏。

我闲逛到建材市场里，选定了一种 4 厘米 ×6 厘米断面、6 米长的木方，我看重的是它 26 元 / 根的廉价，并指望设计因此经济性能被实现——这是我日后建筑实践从未放弃过的造价观念，却没意识到正是它材料具备尺寸的物质性，却意外切中我日后的朋友李凯生所言及的"及物性"建筑起点。在他看来，正是"及物性"，才能将建筑学从当下感观的无核趣味以及不及物的美学抽象里拯救出来，才可能捕获物完整的诗性，这一得自现象学的哲学诗性自非我那时所能领悟。

我当时只是依据现成木方这一标准尺寸，依照我略有所知的穿斗式结构设计了用以评图的一种桌子框架——2.4 米 ×1.2 米的桌面框架大小，乃是基于对玻璃常规尺寸的就合。以类似的结构方式，我还设计了一种 2.4 米长、36 厘米宽的条凳——其宽度得自 5 根 4 厘米宽的木方断面，以及它们之间同样 4 厘米间距的 4 处缝隙之和。

另外，作为单元桌面的隔断，我还设计了一种可兼作衣架、衣柜、图柜的屏风，在屏风的柜子部分我还计划用一些细木工面板来封闭它们。用卡纸板为模型材料，我认真制作了一幕桌子与屏风的单元场景的模型（图 17）。

我当时没意识到这正是我切入建筑设计与实践的重要起点。尽管，在我喜欢的一类作家、画家、建筑师里，总会有人这么说——以怎样的立场 / 题材 / 起点开始写作 / 绘画 / 建筑并不重要，我对此至今还深信不疑，但幸亏我当时还有这么个家具起点将我带入建筑实践的内部进程，而不是总在外部虚幻地追问——建筑是什么——这类宏大而抽象的耗时问题。

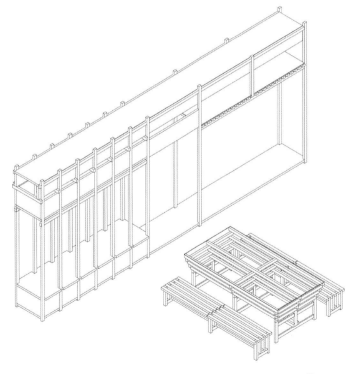

图 17

尽管这次家具设计没能实现，但小木作的简便尺度所带来的家具形状的确定性，似乎让我对建筑设计的畏惧得以舒缓，并直接促成了"1999年国际建协展"所展出的"家具建筑——作家住宅"。只是因为要将家具放大为住宅，我才将4厘米×6厘米断面的木料放大成10厘米×10厘米——但它并非某种现材。

我用双层这种木方搭建成40厘米×40厘米间距的一种标准空间结构——中空的30厘米×30厘米是按照书架的尺寸确定，由这一结构所支撑的立面的确定性则以朝向推衍——东面半开敞；南面开敞以接受阳光；西面为了遮阳，选择用40厘米的细木工板内外错开设置；北面因为要遮挡寒风，基本用细木工板封闭，只在底层挖出入口，而在完全内向的冥想空间北侧也开设了一个可供躺卧的躺椅洞口，这一洞口尺寸也由躺椅尺寸所确定（图18、图19）。

家具建筑——作家住宅

整个住宅的层数则被六种单一功能所确定——玄关、厨房、厕所、卧室、冥想、书房，书房比较奢侈，占两层高，而真正奢侈的是，这个全木结构在屋顶有一层独立的空间用作院子——"作家住宅"由此就有八层高。因为其平面尺寸，乃是按照柯布"最大空间"的家具尺寸以及环梯所限定，它虽略显局促，但八层的高度还是使它接近了一个木塔的高宽比：

"作家住宅并不是在房子里容纳巨大的书架，而是在一个巨大的书架中穿插住宅功能。因此，该住宅具有家具特征。中国传统建筑的小木作就接近家具制作。家具可开合、可移动的灵活性，以及家具的构造方式是否能对当代设计构成有效启示，是该设计关注的问题之一。启示于园林建筑的体验：留园的一座厅堂在卸下隔扇以后，成为巨大的亭，空间实现了由封闭向开放的转化。启示一：由铰链连接的四块窄板包裹成空心柱，沿螺旋线展开将形成门、屏或隔扇；启示二：这样的空心柱当作梁使用，所展开的窄板将形成檐、罩或反合成屋顶；启示三：支摘窗的方式表明垂直的壁可旋转成倾斜的门，结果将导

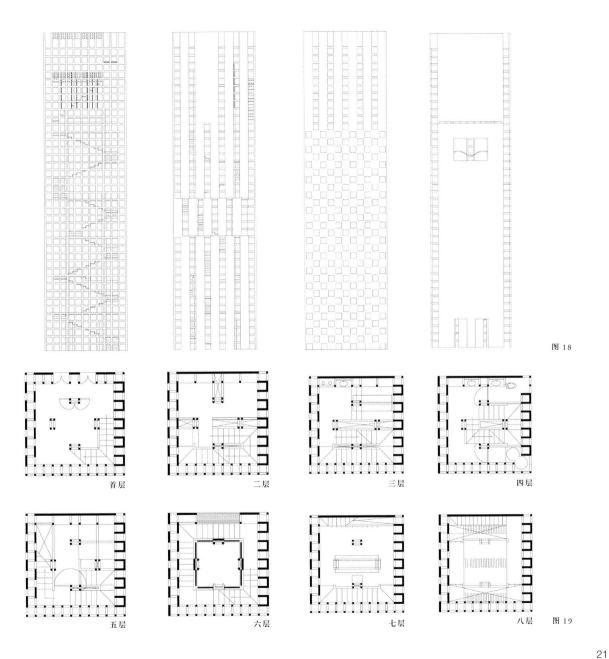

图 18

首层　　　　　二层　　　　　三层　　　　　四层

五层　　　　　六层　　　　　七层　　　　　八层　　图 19

致空间分割的各种方式以及形式特征。"

如今重读当初为此写下的上述展览词，这一简单的构筑物原本只是试图为建筑确定一个家具般确定的外观形状，但它所叠加的其他复杂目标，让我此刻都倍感吃惊——尽管这里似乎有一种明显的意图要用家具可控制的制作工艺来控制更复杂的建筑制作质量，但我既没交代木方之间的可操作的节点——这一节点被先前制作家具模型时，模型尺度难以榫卯的模型胶所模糊；尽管四个立面的开敞程度似乎暗示了它对不同朝向的气候差异的应对——但我甚至没有思及木头如何与玻璃交接密闭的问题；尽管我试图将浴缸变形并不无别扭地置于浴室层的转角里——但我当时已然意识到厨卫管道将对简洁通透的木塔外观造成损害（图20）；尽管我还不无突兀地谈及我日后持久关注的中国园林，但当时的重心显然只在我并不擅长的相关亭堂之类的可变性构造上，它们甚至还以三种空间分割的片断图解，被额外地置于第一张展板下方，但这些花样不一的开合方式，却只能在"作家住宅"顶上那没有气候要求的院落里才得以概念地展现（图21）。

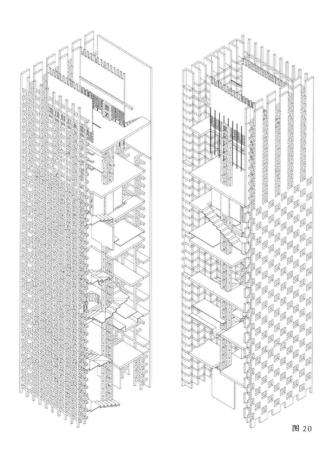

图 20

图 21

这一利用小木作的开合所导致的空间分割的变化，在我随后的一个"画家住宅"设计里，还被赋予了一项它难以承受的重任——利用空间开合来解冻被时间"重叠"的空间潜力，当时却被我乐观地写入一篇名为"隙间"的"摘要"与文章正文里，其文风甚至思考范围都颇似那时刚成为朋友不久的张永和：

《隙间》段落文摘

"两间，绍兴'青藤书屋'被雨隔成四间：屋两间，天井两间。

三堵白墙，两屏格窗从南向北（或反向地）排成：墙、窗、墙、窗、墙。

从平面上看，天井与屋的构成并无二致：一堵墙、一方窗。

两坡顶的介入区分内外，区分着屋与天井（这也是密斯的智慧），并开始分隔空间：南界墙、南天井、南窗、南屋，隔墙，北屋、北窗、北天井、北界墙。"

"'肥水不外流'的说法之普遍就似有建筑学的成因。当坡顶将雨披向界墙时，屋（通常是廊）顶与界墙间常常出现这样的空隙，这是对界墙，对邻里尊重的空隙，是外排水被迫转为内排水的屋顶构造的转隙，是被俗语掩饰的一种具体建造，是画家、诗人在造园时可以因借的诗意画意的前提。排水的缝隙意外地布入天光，布入季风，有风有雨有光可以植藤种蕉，即便宽不盈尺的隙缝也要植上几枝纤秀的文竹。一直以为正是这样的隙缝间，在风光摇曳下的藤、竹、蕉，才造就了园林空间的风光无限（图22、图23）。"

"窗帘与衣服有着部分功能的重叠；蚊帐与纱窗有着部分功能的重叠。对于裤子，纽扣、拉链、皮带是相似功能的三重重叠，这样的重叠在建筑学意义上意味着私密性的递增：壕沟是城墙的重叠，城墙是宅墙的重叠……重叠意味着可以分解成两项或多项的单独存在：有了窗帘可以

画家住宅

（并不必然）不穿衣服，穿了衣服可以拉开窗帘；有了城墙可以放弃壕沟，有了壕沟可以不要城墙，因而当布里奇曼把围墙变为壕沟时，被阻止的人们禁不住'Ha-ha'惊叫起来。

一张床，一张古典的有梁有柱有顶有围护的床就是间结构清晰的小屋，因而传统卧室是房中房的重叠，这使得卧室可以和厅堂一样向内院开放，并不特别在意是否有口水沾湿窗纸并捅破那层窗纸，也使得后来普遍的卧室兼客厅的生活不那么难以忍受。

白天为榻夜间作床是更为古老的功能分配方式，它们标明着空间在时间变化中的功能变通，夜晚关闭卧室的真正用意在于关闭床，白天关闭床后卧室成为起居的延展，这样的时空经验可以等效于关闭书库后阅览室演化为自习教室的经验；关闭舞台的剧场中观众厅是否有教堂的某种意味？……

有多少重叠的空间在时间中仍旧关闭着？有多少时间在牛顿的万有引力、爱因斯坦的能量方程的空间中隐匿着？至少白驹过隙的'隙'已是时间之隙，空间之隙。

瓦当的投影隐约着如日暮般因时而变的空间方式。"

"北京小汤山上苑村画家的宅基被东西两宅南北两道夹成东西宽22.5米，南北深77米的窄长条形，画家对22.5米的面宽颇有微词，一再强调喜欢把画挂起退着看，后退，看，再后退，再看……空出车道的18米远远不足以满足画家退看的嗜好。"

"界墙必须得到尊重，离开界墙80厘米是当地工人经验的最小距离，因而建筑与院墙间出现缝隙，屋顶排水与基地散水也就此解决。正是这些问题，才使我反思南方园林隙缝空间普遍存在的成因，而此前，这样的空间仅仅打动着我的感情，丝毫不进入理性，因此算不上知识。

这些隙缝不唯具有可以控制的诗意景观，一簇竹，一池荷；也同时具有功能性意义，它们在底层使得卧室的床龛，

甚至厕所在关闭门后可朝向界墙低低开放，向着景致而不被窥视……因为树，有两处更大的隙缝成为院中小院，它们分隔着车库、起居与画室部分（图24）。

77米长的建筑确定了大部分功能将沿水平面线性展开，公共的、私密的、大空间、小空间，如何能保证画家最初的退看能够畅通无阻，它要求打开那些私密性空间里重叠的部分（大部分）公共性，打开那些客卧、厨房甚至车库时，原先不大的客厅蔓成一片，延绵成画室的画廊部分（图25）。" □

□ 本文原名《隙间》，详见：董豫赣. 宅间——画家住宅 [J]. 时代建筑，2000（2）：57–59.

图22　　　　　　　　　　　　　　　　　　图23

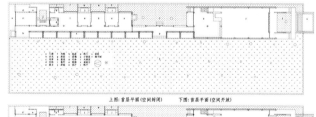

上图：首层平面（空间封闭）　　　下图：首层平面（空间开放）

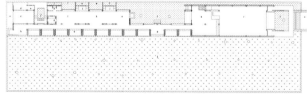

图24　画家住宅平面开合比较图

这个设计因为造价原因而变成过另一设计，最后才因造价急降而失去了实践机会。甲方迷恋第二个有着空间错落的集中式设计，而我则迷恋叠加着"时空开合"的第一个概念。但我很快就意识到它以"空间开合"来置换"时间间隔"的概念——经不住北京季节分明的时间检验，它或许具备某种"艺术"气质，但它如此依赖的五金件以及精密的构造技术，并非我所熟悉，它诗意的"艺术"很可能将在失去良好密闭"技术"支持下一点一点流失。我如今觉得它没能面临实践的检验真是我的幸运，我从不认为建筑能假借"实验"就可以付出如此高昂的功能代价。

后来沿着这条相关"缝隙空间"的轨道，我也设计过其他一系列画家住宅，既有有甲方的实际设计，也有自己模拟甲方所进行的概念设计，甚至还有一幢实现了，但都只是关于缝隙空间本身的内部操作，很少有相关活动隔断的外立面界面。

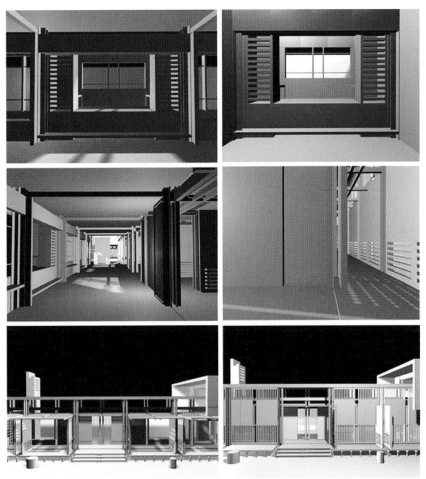

图 25

"家具"与"壕宅"

曾被写入《隙间》一文关键词里的"重叠"，对我而言还具备可持续研究的赋形意义。在我后来的一件名为"姓·名·使用名"家具设计里（图26），"重叠"得以概念性展开——如果设计是对某种先在理念的具体化，先在性——譬如椅子，乃是被椅子的家族血缘所先天赋"姓"（surname），那么"摇椅""扶手椅"都是在对这一"姓氏"（surname）的具体赋形中获得其"名"（name）。其构件的形状"重叠"，在于扶手椅的曲线扶手，一旦颠倒位置，曲线扶手将成为摇椅可摇晃的曲线底盘。这一过程依赖使用过程中的不同位置颠倒，它得以获得其他不同使用状态下各自不同的"使用名"（using name）——案台、鞋柜，还有一种使用并不能确定功能，对我而言就难以获得命名的资格。

柏拉图为阐明"艺术／模仿"的"理念"这一"模样"机制，曾以床的理念与模仿为例子，而我只是选择了相关"椅子"的概念来对此机制进行改写，它紧接着就帮我梳理出其他家具"姓名"里一早就潜伏的"重叠"潜力。

那时我已转向设计初步的教学，我利用这一考察家具家族史的方式，试图挖掘被家具"重叠"在技术之间的家族能量，在分析原始半穴居内"炕"字的"火"字偏旁时，我发现"炕"有被火炙且抬高的两项被层叠的技术，它们都是基于身体对防潮的功能需求。

那么，在今日成熟的防水"技术"前提下，床或炕抬高的

一种椅的五种使用：摇椅 案台 扶手椅 几 尚未命名

surname.name.using name 姓 名 使用名 图26

赋形习惯，或者就此可以释放新的下陷形态——其高差依然可以用作坐具，但提供的却是圈坐而非以床为凳的背坐方式。这一认识在日后"水边宅"的"圈榻"里得以重现——它利用圈梁的高度下陷为床榻，圈梁同时就成为圈坐家具；也还在更晚些的"成都院宅"里帮我将院落地面抬高——既然"院落"之"落"也是基于排水"技术"而落，将它抬高就能成就家具的别样意图。

自然我还希望这一相关家具概念的姓名锻炼，能对我的建筑设计有所帮助。

我将《隙间》一文所叙及古代"城池"一名里所"重叠"的"城墙"与"壕沟"这两种形态，也拿来与学生一起讨论——如果将"壕沟"看作负"城墙"，那么有了壕沟的防卫性或私密性就可以放弃墙，这是在"刘皇叔跃马过檀溪"一章里，就有过的放弃——有了城墙西门外的一条宽阔且无桥的檀溪，蔡氏才放松了对西城门的把守；那么，如果将垂直的"城门"看作城壕上水平"吊桥"的叠加，我或者就能设计出一个"桥门"合一的活动建筑装置，来置换那匹虽能活动，但不太牢靠的"的卢"宝马。

这两项由"叠加"所组装的"桥门"与"沟墙"的设计，被引入我为一个雕塑家朋友包泡所设计的"大地窖"里——我如今希望将它改名为"壕宅"。包泡只是我的虚拟甲方——因为正是他带我在怀柔的某个山谷窥视了一个14.5米左右直径、深4米余的毛石蓄水圆坑，才诱发了这一他至今一无所知的"壕宅"设计（图27）。

我将私密性的生活部分卧室、书房、厨卫合并成一个11.5米直径的圆盘空间，由此获得与毛石环壁之间的一圈1.5米宽的"壕沟"，有了壕沟下部厚重封闭墙壁的防护，这些私密性空间就可以在沟内朝向壕沟获得开敞；而一座横亘在"壕沟"间的轻质钢桥在夜间可被吊起，充当夜闭的门户。

这扇"桥门"是否是当时所读的齐美尔的一本小册子《桥与门》所诱致，我已记不得了。但是当时，为接手忽如其来的半学期中国建筑史课程，翻看刘敦桢先生主编《中国古代建筑史》，偶见一张夹页里有华严寺壁藏西立面里的"飞虹悬阁图"——它虹桥般的拱结构上面居然会压上一座不小的带环廊的阁楼（图28），阁楼对于拱桥而言，正起到压紧"拱心石"的作用——这是我教外国建筑史时对西方穹隆上的采光亭获得过的力学认识，但却正是这张图纸才忽然切中了我当时所迷恋的"重叠"概念，尤其是它所重叠的不是身体难以使用的采光亭，而是重叠成一处相当重要的功能空间。

我试图在"壕宅"里，反转这一"重叠"的功能与力学概念——立在毛石坑外缘（毛石墙顶被稍事修缮用作环形跑道）的钢结构所支撑的穹隆，其侧推力从哥特教堂的外部飞扶壁反转，而与室内上空的一整层工作室空间的斜拉杆件重叠，这使我得到一个看似没有结构支撑的拉结空间；而贯串墙下的私密区域、中间空旷开敞的起居空间、一样空旷但相对封闭的工作场所的螺旋楼梯，其拉结踏板的两圈细钢筋结构——外圈钢筋不但与栏杆功能重叠，还能确保被一圈斜拉杆件拉住的上层空间的稳定性；而踏步的外圈钢筋同时还与拱顶天窗这一拱心石的位置保持拉结力量，它也确保了拱顶的稳定性（图29）。

但是，最荒唐的重叠仍是基于我功能主义的倾向——为了确保中间起居层有一圈无碍的风景，我决定在这层平面上不设任何辅助功能，但公用卫生间却无处设置，我当时将两个卫生间都置于底层卧室内，那么它似乎只能被安置在顶层工作室里。

但我简直难以想象因此就将有一根粗大的上下水管道矗立在原本无物的起居空间内——折中的解决办法仍旧是"重叠"——利用螺旋楼梯的扶手与铸铁管道的重叠，让上下水管道合一并成为铸铁扶手盘旋而下。当初手绘这一剖面时，一边安慰自己这盘旋还能确保上下水通畅无塞，但忽然思及里面偶然会出现的音响效果，实在忍不住在图板前纵声大笑。

一时间，我甚至认为我解决了多层建筑空间的对位来自管道的持久约束，而颇感自得。

而室内家具，虽然也基本遵循着"重叠"概念，但基本上只在不同层里的功能，进行垂直对位时才能被概念地阅读出来——底层靠外圈壕沟狭院设置的弧形操作台与书房同样弧形的书桌，在一层成为与外圈栏杆重叠的美人靠椅；底层卫生间贴近螺旋楼梯的楔形空间内的书架、橱柜，甚至马桶因为坐的行为——都在起居室里也扮演着一样环绕楼梯间的椅子功能，这一"家具概念"被消弱的力量失去了它当初对我的诱惑。

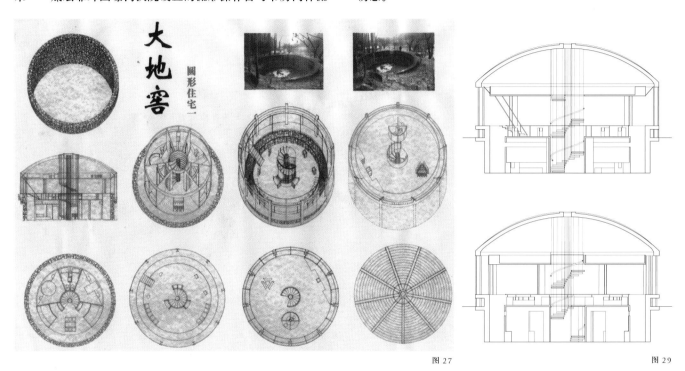

图 27

图 29

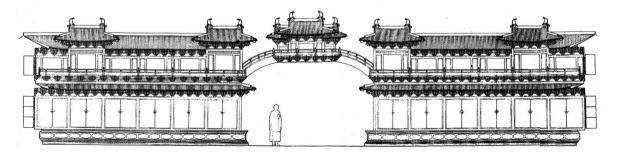

图 28

家具（墙、住宅、院落）

壕宅是我为 2001 年 3 月上海顶层画廊"中国房子"5 人展，提交的一系列 A3 纸张展品里（包括那件"姓·名·使用名"的家具设计）唯一手绘的图纸，因为这些图纸如今下落不明，使得我一向不保留手稿的习惯遭到惩罚，我恐怕得找学生凭当初模糊的照片在电脑里重绘这份图纸。

展览的其余图纸却罕见地回到"家具建筑"的概念拓展里，它包括"家具墙""家具住宅"以及一个草成的"家具院落"的纸上设计。

在"家具墙"概念设计里，意图被严格限定——我只想试图以内部的家具来确定墙面的外观形状——这是我对"形式追随功能"的潜在致敬，也是我试图以家具的功能来与墙面开洞形状"叠加"的努力。

在当时的展览词里，显示出这一"家具墙"概念，居然有得自建筑学家的建筑启示——密斯以及赖特；这段文字被排列成长长一行，安放在一张 A3 图纸的下方：

"赖特反对将黑房间作为壁橱是基于卫生考虑而提倡使用橱柜，密斯在 1922 年柏林钢筋混凝土办公楼里曾尝试将橱柜与窗下墙结合，但并不成功，家具的外在表现性并未显现。家具墙则开始关注这种可能。"

为扩展"家具墙"里更多形状的可能，我将日常起居必须使用的器物——譬如洗手盆、梳妆台甚至电脑都当作家具来参与立面洞口的确定，最后居然有 16 种不同洞口式样出现在一堵水平展开的墙上（图 30、图 31），当时的文字说明从左到右依次是：

1. 无烟灶台的改造：基于南方民居的智慧，灶台伸出窗外；两侧可通风对流，关闭窗后灶台在户外。

2. 窗桌：家具构件与窗棱合一。

3. 西式灶台：烹饪习惯的差异使西式灶台可以凸显，并可构成阳光窗景。

4. 私密窗灯（补注：这是对灯具设计的建筑模拟，方形木板突出外墙，以 16 根小木方从四周与墙面固定，按照点光源向心发散原理，16 根小木柱将在外墙上沿圆周投射出如光芒

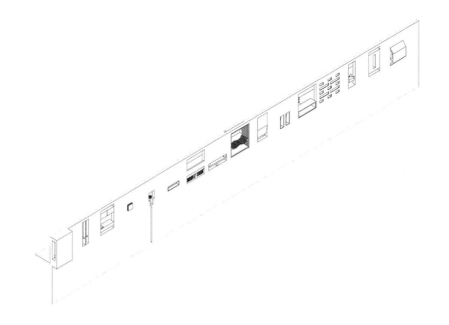

图 30

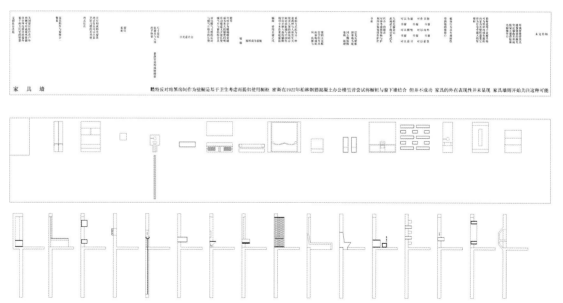

家 具 墙

戴特反对将黑房间作为壁橱是基于卫生考虑而提倡使用橱柜 密斯在1922年柏林钢筋混凝土办公楼里曾尝试将橱柜与窗下墙结合 但并不成功 家具的外在表现性并未呈现 家具墙则开始关注这种可能

图 31

般的阴影）。

5. 洗手钵龛：依据器具与人体尺寸设定，暴露管道构成细缝窗。

6. 看片日光台(补充：当时为备外建史课程自己制作幻灯片，希望获得一个不需要底灯的看片台，利用 60°的斜面将光打到铺设有毛玻璃的台面上)。

7. 暖凳：与暖气片组合的长凳，对包暖气片习惯的反动。暖气片与窗的组合具有功能意义，并使长凳成为冬天的暖凳，同理可组合成暖榻、暖桌、暖椅等。

8. 矮榻：榻厚成为窗桎。

9. 躺椅：曾用名"窗之风"，利用小木作重组窗前空间，并嵌入曲线躺椅。柯布浴缸墙与中国传统美人靠的曲线暗示着两种与人体发生关系的方式，此为另一种。

10. 床：床板与床靠构成底层有高窗的天花板。

11. 靠椅：原理同左侧床，椅靠斜板成为底层反射光板。

12. 书桌：利用桌板做护栏，可参考康将靠椅与护栏合一的做法。此地适宜阅读窦武先生的《北窗杂记》。

13. 囍窗：可以为窗，可做书架；可以横竖，可以内外；可以看书，可以看景。

14. 带圆镜的梳妆台：梳妆行为具有观赏性。

15. 橱柜：作为住宅中最大的竖向家具，有壁性，悬置它可为厚屏风，或有窗的影壁，适用于走廊尽端。

16. 电脑操作台：依显示器背轮廓突出墙面，并形成缝窗，微弱的侧光形成屏幕的背景光。

17. 未完待续（原文如此，且原先都无标点）。

对立面这 16 种"类家具"的洞口处理，使我摆脱以往对立面造型这一语焉不详的语境困境，以家具功能与墙面洞口的叠加方式，为我所获得建筑赋形的确定性让我颇感踏实。让我不安的却是——为了抽离出这一可被控制的外围立面，我却几乎放弃了内部空间——这一建筑至关重要的部分，尽管为了表现洗手钵下部的水管窄窗，也为了让倾斜的椅、床靠

背能将倾斜的光线导入底层空间，我被迫将这些家具设置在二层之上，但是家具能否在空间内获得一样确定的赋形能力，很快就导致了下一个纸上设计——带泳池的住宅。

我的反应一向迟缓，或许为兼顾回答两年前的"作家住宅"在"国际建协展"上曾遭遇过来自刘克诚提出的——小木作开合的灵活性能否带来空间流动性——这样问题，我在这张图纸上写下一段简短文字：

"为什么家具在范斯沃斯宅的草图阶段就参与设计？为什么家具一经设计，虽样式变更，其位置却从不变更，即便密斯死后多年。是否家具与功能的精确对位使家具的可移动性成为假象？倘以床确定空间，空间被赋予并展示全部家具的全部特征，家具被固定并建筑化。

谨此以回答西安科技大学刘克诚先生对家具建筑作家住宅的质疑：层的消解与流动性问题。"

将家具悬在空中，是我当时能想到的表现家具最极端的空间赋形，为确保这一点，我不但将家具悬置在顶上两层空间中，还因为要确保家具能被独立表现，而将这个三层空间从纵向以一堵墙一分为二，一边是抵达各种家具空间而逐渐上升的走廊，一墙之隔才是错落空间内悬空家具的表现空间(图32、图33)。家具最大尺寸的双人床2米的长度，再次帮我确定了那一半家具空间的宽度，也决定了其他家具或台面的长度或宽度。

从二层到三层，从楼梯到尽端的独立家具空间依次是：

1. 起居室 / 包背沙发——梯形断面木板支撑于两堵墙之间当作座位，靠背则以三根包布的钢管横穿于两堵墙之间。

2. 厨房 / 操作——U 形储物柜用作结构支撑在墙之间，与木地板脱开，带管道的灶台则卡在窗龛里。

3. 餐厅 / 餐桌——将地板、桌面、座面板、靠背板全部脱开，各自支撑在两堵墙上，以在空间中表现它们清晰的构成。

4. 储藏间 / 储藏柜——借鉴家具墙里的做法，将它设置

在一层尽端是为了扩大储藏体积。

5. 客房 / 床榻——利用楼梯间剩余的空间设置一方木榻，以供客人休息。同时利用双跑楼梯的一跑的上空，在上面架设一个高床——它确保下部能行人，这种复合空间后来在乌镇阁楼里看见过。

6. 厕所 / 马桶——这是作家住宅里相关小木作灵活转动的借用——打开的木方如同交叉的手指各自有一半面积的开敞，一旦阖上，这一半的木方刚好掩上那一半的开敞，以确保如厕的私密性。

7. 浴室 / 浴缸——木台上展示着一个浴缸，使用时刻的私密性，由上部两侧木盒子内的防水帘幕确保。

8. 主卧室 / 双人床——地板上直接放置席梦思床垫，它位于整个家具住宅的尾部也是最高部，这或许能确保一定的私密性。

9. 书房 / 书桌——书桌位于住宅真正的尽端，是为了获得某种宁静的氛围，它以桌下两块竖板作为桌面结构以及栏杆，或者是为了获得专注的桌前空间，有张书桌没有设置正对的窗，一侧的窗前也设置了一张书桌。

家具剖面里，没有任何相关建筑尺度的这一反常剖断面，使得那些以小木作支撑的结构似乎在剖面里呈现出的悬浮状态让我异常着迷；而写在红色剖断线下方的英文（图34），则明显受到室友李岩在宿舍里某个设计竞赛的图纸说明的事后影响，我沉湎于将所有家具的英文命名都以动名词的方式标注——我在沙发、操作台、餐桌、储藏柜、床榻、马桶、浴缸、双人床、书桌的家具空间剖面图下，分别标上——

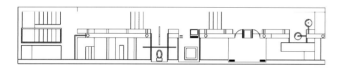

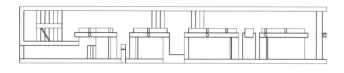

图 32

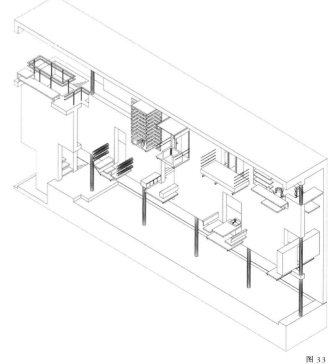

图 33

living、cooking、dinning、storing、resting、wcing、bathing、sleeping、reading，这一动名词所具备的进行时态正是中文所不能的，以此书写，我忽然发现原本被这些家具所分别附着的功能——起居、厨房、餐厅、储藏、客卧、厕所、浴室、卧室、书房——这些被类型学所归类的功能，忽然解冻为具备身体动作意味的生动事件——生活、烹饪、搬运、小憩、如厕、沐浴、酣眠、阅读，而在悬空的家具空间里，真正能为建筑空间招致这一身体使用动作的正是家具所具备的感召力。

为了有机会观看家具所招致的身体在空间中的各色表演，我给这个住宅取了一个古怪的名字——带游泳池的住宅，并将底层设定为一个游泳池，目的是要假借人们在仰泳时刻，可以有一个舒适的视角来实现这一观看，同时家具在空间中的错位也是为了获得往下回观游泳者的机会。

但是，我那时似乎没能记住柯布的一再教诲——在阳光下表演，"家具住宅"的空间剖面，原本该有一个明亮的天窗才对，但这次，我似乎矫枉过正地将家具的表现性仅仅限定在空间内部，我此刻才意识到，我甚至没有画出那在"家具墙"作品里至关重要的外观立面。

但游泳池里的仰泳视角毕竟并不日常，我试图将家具建筑的概念围合一个院落，来为一个院落的日常生活提供观望"家具建筑"的日常机会。

以院落为核心的概念，将家具从"家具墙"概念里被隐匿在墙壁的内部拉出来，成为院落墙上悬挂着的四组家具挂件——一组沙发、一组餐桌、一方木榻以及一方书桌。为了表明他们的院落性质，我以笨拙的技术绘制了一株不成模样的树（图35），以此试图确保院落生活的一定质量。

但那时候我已然开始考虑关于院落生活的当代变化，我意识到隔代分居的现实已然撑不起一个像样的多进四合院，但是即便围绕住宅中心只设计一个院落，人们还会聚集在这个院落里么？起居室的电视、卧室里的电脑是不是还会将一个不大的家庭从院落里的聚落行为，拉回电视或电脑屏幕里

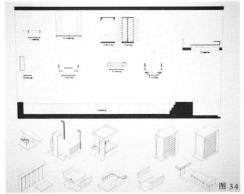

图 34

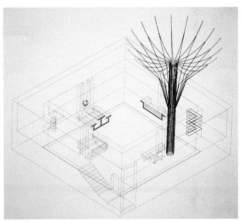

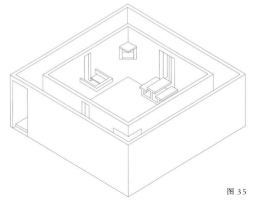

图 35

33

的虚拟世界？

或者是基于一种妥协，或者是基于对"室外起居室"——这一源自对欧洲广场美誉的向往——我在两组提供起居与就餐的家具之间的角落里，设计了一个转角龛，以龛入一台电视，为了防雨，还特地为它加了个盖子，遥控器的设备，能为在院落墙壁上悬挂的家具里看电视提供便利与可能。

但是，即便这样，所有相关使用者的具体身份，在这类纸上设计里都还过于抽象。

尽管，"作家住宅"假定了一个作家的身份、"家具墙"则完全没有考虑使用者、"家具住宅"的使用者是某个匿名的游泳爱好者、"家具院落"的使用者也被假定是一个热爱阅读以及户外生活的人。

这些身份被设计内部的家具概念所制定，完全没有外向的针对性，它过于抽象，因此当我带上这些从概念上不断完善的家具概念，准备为一个无疑具备具体个性的舞蹈家设计现实中的住宅时，关于住宅与个性的问题忽然从外部提出，几乎让我猝不及防。

这正是我后来在《时代建筑》里以《为谁设计》一文叙述过的，但正文部分却几乎没有涉及我在这次实践里得失的任何反省，它们仅以"图片解释"的方式注释在文章最后。

水边宅

《为谁设计》段落文摘

图片解释：

1. 屋顶平台：图 36（修改前）、图 37（现状）

原打算植草，周边用反梁围合植草的深度。中间从东至西三处反梁所围合的空间分别是嵌有桌凳的院、有影壁的窄天井以及既作天窗又作巨型餐桌的排水天沟。业主原先要捣平一切屋顶上的凸凹部分以成就她要求的空旷的平台，后来她委婉地表示她还算喜欢那天窗；对于两套卫生间之间的狭小天井以及中间的一堵隔绝视线的墙，她到现在还相当不满，她想拆除那堵墙用毛玻璃来隔绝视线，她想封掉天井用管道来解决厕所的通风问题，我提出的采光问题让她犹豫，至少它在装修前还保留着现在的模样；那个浮在院上的桌凳被拆除，仅仅保留了院子。关于这一点我在图纸阶段就犹豫，从屋顶看有桌凳的感觉好些，从院子里看支撑它的两根柱却稍嫌啰唆，所以我并不反对她的裁处。至于她将院顶加高我觉得还可以。我的一位建筑师朋友好像不喜欢。

2. 主卧室影壁：图 38（拆除前），图 39（拆除后现状）

图 36

图 37

[도] 38

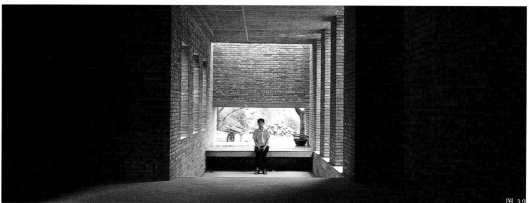
[도] 39

[도] 40

对比这两张照片，可以发现两处变化：影壁被拆，左侧通风小窗被封。那影壁原先作为将空间划分为主卧室及小型会客室的隔断，影壁的中空部分隐藏着两扇推拉门，是我为实现整个住宅不设窗帘的设计之一。由于业主喜欢透明而开放的卧室，责令工人拆除。后来主卧室移到下层，影壁好像可有可无，我却觉得少了些什么。窗龛现在看来还干净，业主曾要将低窗上方的墙拆除以装上通高的落地窗，因为墙里面是上屋顶楼梯的休息平台，才暂时保留下来。

3. 主卧室大窗：图40原来窗是顶着天花板的，在施工过程中往下调整，以避免来自顶上的窥视。

4. 餐桌天窗：图41

梁反上屋顶作餐桌天窗，所有的门就直接顶在顶板上，这种细长比例一开始让甲方误解它们的宽度不够，她如今宽容了（或许喜欢了）这门的瘦高。

我担心的反而是这些由当地村民们仔细砌筑的红色砖墙，业主一直有将它们刷白的愿望。白色也不是我反感的，红砖也不是我一开始想要的，不过是不足600元/㎡的土建造价的被迫选择，不过是在建造过程中才渐渐喜欢。但愿业主在使用过程中也会慢慢喜欢。

5. 窄天井里的影壁：图42

左右两个门通向两套客用卫生间。我假设有一个白色或深色、石质、圆柱形的洗手钵在影壁墙的下方，顶光将赋予洗手洗礼的意味。这是我最喜欢的墙与光线间的关系之一，却是业主最鄙视与痛恨的地方，也是我们之间争论最为激烈的地方之一。

目前还在。

6. 西面外观：图43

由三个标准客卧以及向客厅开敞的餐厅组成。为了避免西晒，将它们封闭成砖垛模样，其深度由内外空调机龛所决定。

7. 标准客卧的窗景之一：图44三个客卧从南往北的三个窗洞由于与基地高差不同，对景不同，分别是：秋水、

春花、夏树。窗洞侧墙上预留的四片扁钢以备将来固定桌板用，如今看来可以取消。

8. 南面外观：图45天窗两边结构的迥异，标明了框架与砖混当初选择的犹豫与矛盾。

9. 悬挑圈梁：图46（平面）、图47（剖面）、图48（现状）

600厘米高出挑圈梁内原本有三层构造：底层用纱窗找平，中间设计钢丝床构造，圈梁顶面是可以朝外水平推拉的钢框玻璃窗，它们兼有三种功能：防蚊、通风，在玻璃窗平推一半的时候，人们还可以坐在圈梁的周围，脚放在钢丝

图41　　图42

床构造上，甚至其尺寸也可以在圈梁内睡眠（可对比图49模型）。这设计的意图相当明确：

　　1. 我希望开敞向南面水面、东面群山的玻璃面真正完全开敞，没有可以开启的窗梃对玻璃的分割，也没有因此而有的纱窗阻挡风景，于是将防蚊、通风问题在水平方向一次解决。

　　2. 我希望空间的空旷尽量不被未来过多的家具干扰，所以将这五个水平玻璃窗也充当了家具使用。这是我家具建筑研究的后遗症，它影响了那屋顶天窗兼作餐桌的设计，它也影响了我在餐厅里将餐桌与楼梯结合一处的构想（已被拆除），目前的情况是五个通风口被重新填平。至于通风问题，业主先是说他们不怕热，后来说用空调，真正结果我不得而知。

　　10. 客厅局部图：图50

　　目前客厅北墙相当完整（看见的只是其中 1/3），原先在中间有一个小龛，在客厅里容纳电话、电视以及所有的

图44

图43

图45

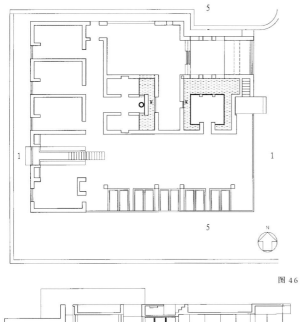

图 46

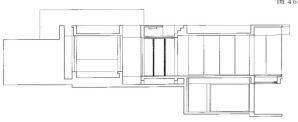

图 47

图 49

图 48

图 50

开关、插座，在内容纳主人卫生间的临时衣柜，由于主卧室的下移，衣柜就可以省略，并且业主以相当的智慧解决了开关与电话的问题。靠东入口方向原来还有一扇通往院子的门，原先我就因为它与主卧室的小会客室比邻而困惑于视觉的干扰，所以将门封堵我一开始还相当满意，功能却发生改变，假如卧室的移动导致了私密性问题的排除，我如今倒愿意这里还有一扇门可以穿过那些大大小小的空间来回游走……最严重的问题是图中天棚暴露出来的那两根梁。我应当果断些，它要么全降下来作为外檐挑板的拉结联系，要么完全反到屋顶上再作处理。如今它一半露在屋顶上，一半悬在天花板下，两不相宜。而业主与我在不作吊顶方面相当一致，而我至今也没想出好的解决办法……有许多问题尚未解决，有许多经验还值得借鉴。尤其是人事关系处理与心态平和方面的不足导致我与业主的疏离，以前因为她的拆改没通知我所引起的不满，导致我如今不能参与她正在进行的环境与室内设计，这是我真正的损失与教训。[1]

别除这些图解里的怨气，其中牵涉到家具概念的建筑实践讨论之处有四，两处在室内，两处在室外：

餐厅内未曾实现的楼梯餐桌——利用楼梯前半部分的高差，架上一张玻璃台面充当这一餐厅空间的餐桌，并希望就餐者能看见底下端上来的饭菜热气，为了能在餐桌底下正常上下楼梯，楼梯在远离餐桌之外还往客厅爬了几步，如今楼梯还在（图51），但原本计划架玻璃餐桌的地方，部分被改造成玻璃地板，部分被加上玻璃栏杆。

起居室内朝南出挑的圈梁内五件——通风、钢丝床、圈凳、纱窗四合一的功能家具，原本圈梁浇铸完毕，但后来被重新用混凝土板封上，这是我最遗憾的修改（图52）。

屋顶上四合一的"天窗巨桌"，是家具建筑的概念完全实现的唯一结果，它是合成了结构的反梁、屋顶的排水天沟、室内玻璃天窗、屋顶平台上巨大的玻璃餐桌这四项功能的"重叠"物，它还在室内区分了以砖混封闭的私密空间与以框架开敞的起居空间。

屋顶平台上原本浇铸但后来又被拆除的下陷在小院内的桌凳，当有朋友赞赏这一忽然变成院落空间的院落品质时——我忽然失去了对它的判断性，但又难以漠视它的重要性，它不但是建筑内部唯一可以进入的院落，而且还作为联系起居与主卧室重要的院落空间。

尽管，我在文章里已意识到抱怨对于教学或设计的危害，但那时难以消解的文字怨气，还是牺牲了文字的准确表达力，为了整理这本书的家具建筑的线索，我发现反倒是林鹰当初

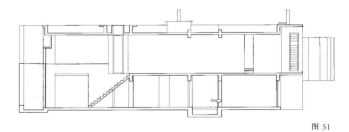

图51

图52

[1] 董豫赣. 为谁设计 [J]. 时代建筑，2002（6）：31 - 35.

为一本时尚杂志所写的一篇《房子的见证》，曾在文中更清晰地叙述了我如何试图将家具建筑的概念带入实践中的种种努力，她还额外见证了那堵被顶光表现的洗手钵前的影壁，乃是得自"家具墙"里将洗手钵当作家具表现的试验。还有主卧室（后改作书房）东向有着山景的低矮卧榻的坐高，也是基于家具建筑对身体与建筑之间关系的研究结果：

《房子的见证》段落文摘

"即便他后来将他这个半框架半砖混的房子解释为造价的原因，将客厅朝向东南面开放的原因解释成对风景的开放，将西面的砖盒子解释成对卧室西晒的基本处理……我相信这都不是真正原因，否则他如何解释他在土建尚未结束时悄悄却强烈的修改愿望——他想将客厅敞开的部分也同样用砖盒子封闭起来——不过是他没有权力也没有勇气对甲方表明这一点。或许这样荒诞愿望的发生，是他有可能在砖盒子里实现将家具结合在建筑里的愿望，这是他真正感兴趣的地方，这是他致力建筑多年的切入点。如果说他最得意的是那堵墙上的顶光，那顶光不过是为了照亮它下方的家具——那只他假想过的圆柱形洗手钵家具；与其说那条我最喜欢的玻璃天窗是为了照亮走廊，不如说是为了成就天窗作为屋顶上那巨大的玻璃餐桌的理由，尽管他将餐桌的长凳用功能性的梁从室内反转到屋顶上做解释，尽管他将长桌与长凳间的一圈搁脚的距离用排水天沟的功能重叠，并不能解释这里多样重叠的功能：天窗、天沟、家具的愿望究竟哪个在先哪个在后？还有那原为主卧现为书房里的有顶光的窗龛难道不是作为家具的床的方式呈现出它的尺寸以及抬高的高度么？他所得意的一切手段无不与家具处理有关：那从未实现的通过高差将洗脸池与马桶设计在同一桌面上的奇想；那已被拆毁的将楼梯与室内餐桌结合的妙思；那已被封闭的客厅里将通风、桌凳、钢丝床、纱窗'四位一体'的玻璃地面，假如能全部实现，他原本可能用他一直在纸

上进行的家具建筑来赋予这房子以独特的个性……" [1]

基于某种古怪的清高，我当时对于林鹰这篇文章发表在时尚类杂志上颇不心甘，但她的安慰却几乎具备某类预言的气质，她说："你写的文章发表在专业杂志上，只有专业人士会看，但这不会给你带来新的实践机会，而时尚类杂志却可能做到这一点。"但我当时完全不能料到这一戏言会在1个月后就将兑现，我那时不能预知"清水会馆"的甲方将会因为这篇文章正在到处找我（如今想来，这"清水会馆"的名字，也是基于对"水边宅"被放弃的"清水住宅"[图53]这一重叠了风景艺术与材料技术名字的重拾）。我那时好像正应李凯生的邀请，去为成都的一个房地产项目设计了一个"成都院宅"。

[1] 林鹰. 房子的见证 [J]. 新地产, 2003（11）: 82–95.

图53

成都院宅

　　我差一点就实现了一个与"家具院落"概念异常接近的"成都院宅",这是目前最让我遗憾的两个未实现作品之一,因为它是基于成都某房地产项目异常具体的要求下,而能将这一概念成功带入设计的例证之一。

　　与之前"家具院落"的概念要将四件家具全部外挂在院落外壁不同,它在二楼院墙上只外挂了两件严格意义上的家具——一组对坐的椅子以及一张独坐的书桌分别挂在院落东、北墙上,原先"家具墙"概念里的无烟灶台在这里也得以挂在院落西墙上权充一件家具,而一件真正具备家具功能的木榻,则被隐藏在南面深深的凹龛里成为主卧室浴缸旁隐蔽的小憩场所(图54、图55)。

　　在"家具院落"里那个电视龛,则因为在成都这个最具生活气息的城市里忽然自动失去存在的必要。在我的印象里,成都人最重要的不是工作而是就餐、喝茶、打麻将或扑克牌,这几种行为都具备家庭聚集的天然能力,人们自动在街道、公园、门前等各种场所,都能随时随地聚集,那么我只是试图以院落为一个家庭的聚集或交友提供这么一个场所,而让其余散落的喝茶或读书的家人还能同时悬挂在院落上方,偶然上下交谈几句,至于家庭是否会如期聚集,在这个城市里,反倒是建筑师最不需要操劳的事情。

　　我只需专注于如何将家具概念在这个院落里扩展开来——抬高的院子地面尽管反转了院落之"落"的下沉含义,但却在不妨碍排水功能前提下实现了三种家具或建筑的叠加意图:

　　第一,抬高的院子地面,将能更多地享受成都罕见的阳光照耀; 第二,抬高的地面周边所下沉的一圈雨水沟,其下沉高差的42厘米是基于亚洲人的一般坐高所确定,于是雨水沟在天气晴朗的日子里,则可以提供坐在院落木制地面上放脚的高度; 第三,为确保房间与院落在使用上的外向性联系,无烟灶台下还出挑了一个离排水沟槽底部高75厘米的窗龛,其高差正是桌面的一般高度,龛的深度就可以当成桌面,这使得坐在院落地面的人，脚有所停——停在排水沟槽里，手有所支——支在如同桌面高的窗龛里，它甚至还可以当作一个条案供室内室外共同使用（图56、图57）。当时，我还设想了另一种坐法——坐在龛里，而将脚支于抬高的院落地面上小憩。

　　家具与人体的这一"及物性"关联，在具体实践里，不但能将抽象概念从它对材料与构造的无能为力里拯救出来，它甚至还有能力审视材料与构造，诱发并重新整理日常的功能空间：

　　为了给那方悬于壁外的书案寻找身体可坐之地，门洞底面不但被抬高以区分地面，它还需要被包上一层适合身体接触的木板；但是，一个高于地面的门槛座位将导致门在此开合的构造问题——底部不密闭将在成都多雨的季节进水，如果密闭将需要在底面固定门框，而这将导致人无法入座。我后来在江南民居里发现了一个现成的解决答案——门并非我们今日习惯的卡在门洞当中，而常常是悬挂在外壁的出挑石或木檐下。我只需要将民居通常的平开门改成推拉门就可以了——这是因为平开门将遭遇高于门洞底面的桌面的抵挡，当两扇推拉门被左右推开时，木板包壁的门洞将开启成读书空间，它的底座木板、侧壁木门与木桌面板共同组合成一个木制的身体空间框架。

　　但是，为了给这悬挂的书桌底下设置踏实的落脚之处，它意外地带入了《隙间》讨论过的灵活隔断对不同叠加功能在不同时间内的分离潜力——书桌底层平日里用作走廊的空间，一旦将两端闭合成间隙，它将闭合成一个客院两用的卫生间，因此，走廊向院内鼓出一个包裹马桶的小空间，向院外则鼓出一个长条形的空间，以容纳洗手钵与淋浴喷头——这是基于柯布西耶的"建筑物体"的启示，其宽度被洗手钵的台面所确定，其长度是走廊宽度的两倍，这一尺寸乃是基于它——叠加了闭合洗手钵与喷头的平日走廊功能，以及闭合走廊而成为特殊时刻的卫生间功能。

　　这两侧鼓出的两个小盒子"重叠"了楼上读书桌案的两种便利性——马桶空间的蹲坐高度可以下调，其下落的顶面正

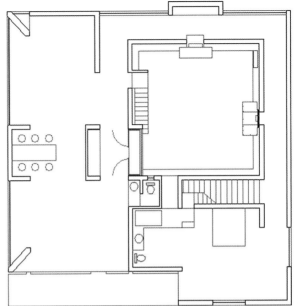

图 54

图 55

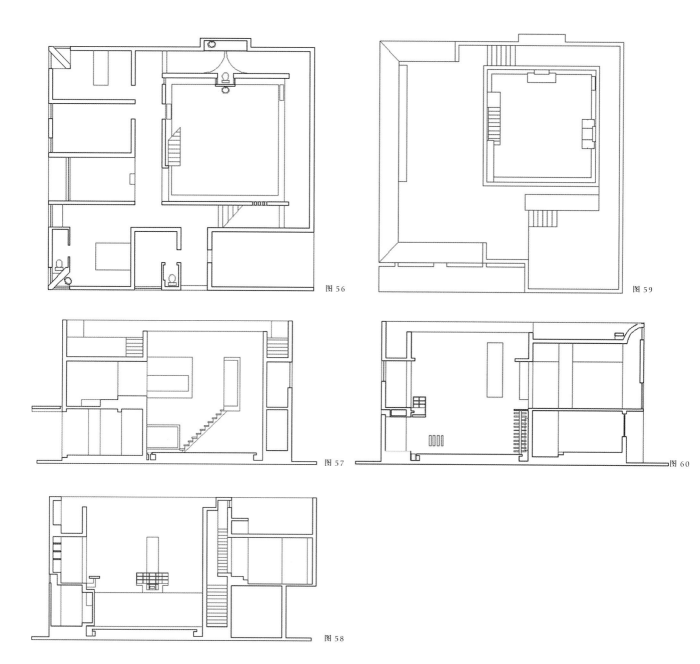

图 56

图 59

图 57

图 60

图 58

可用作院挂书桌下踏实的脚踏平面（图58）；而另一侧鼓出的长条形盒子在这一层又"重叠"了两重功能——以不能窥视的高窗给关闭的卫生间提供私密性高光，它的上部还在二楼高处提供院挂书桌背后的宽敞书架。

或许是成都院宅的景物不如"水边宅"那么优美，或者是我没能处理上屋顶平台必须经过主卧室的窘况，我并未将家具的概念如同水边宅那样大张旗鼓地带上屋顶。

但对屋顶平台的迷恋，还是驱使我将住宅区分为两个高差——车库、走廊空间的低矮空间的2.4米以及客厅3.3米高，它们叠加的屋顶高差将达到0.9米，如果加上统一高度的女儿墙的0.9米，屋顶将形成两处不同高度的差异空间——有1.8米高围墙围合的院子，以及一个有0.9米高女儿墙的屋顶平台。

在这个小巧的屋顶院子里，没有设计任何家具建筑的物体，但到屋顶平台上，还是忍不住要提供一方有圆弧靠背的条凳（图59、图60），其靠背的圆弧形再一次被建筑功能所确定——它是西面客厅遮阳反光板所需要的。为了确保这一靠背弧度的背板出自建筑结构的需要，我甚至在平面西部设置了两处45°角的混凝土扁斜柱，以承担弧面曲梁与之双向相交的结构平面——它们相交所形成的类似中国古建筑反曲的形状，也在暗暗诱惑着我（图61）。

从"作家住宅"到"成都院宅"，我确信家具概念已然帮我找到如何在实践中为建筑赋形的诀窍，那就是利用家具与建筑在多种层面——材料、结构、功能、空间上的"重叠"，获得材料、结构、构造、功能、空间来自家具与身体的双重或多重指认，它们交互指认的确定性几乎如解析几何一样让我安神——两点决定一个坐标，譬如"成都院宅"的书桌与其下方的马桶封闭体之间相互指认，这是来自西方建筑学的解析几何式的安慰；而来自白居易"大巧若拙"的安慰则是，它常常所具备的"事半功倍"的神奇效果——譬如"成都院宅"抬高的院落地面成就了排水沟的踏板功能与窗

龛的桌面功能；而在"水边宅"的那两件家具——"风窗圈凳""天窗巨桌"甚至都是四种功能的媾和——前者集通风、圈梁、钢丝床、圈凳四种不同层面的功能于一身，而后者也聚集了反梁、天沟、天窗、餐桌的不同事件。

"家具建筑"概念的"重叠"力量不但帮我从当时尘嚣日上的感观趣味抽离出来，还帮我从往常建筑学的相关立面"比例"的形状推敲中摆脱出来——尽管我的一位台湾建筑师朋友宋宏焘先生在"水边宅"附近诧异它的比例精当，但我猜，正是家具与身体的密切关系，才使得我刻意摆脱了比例的教条，但还能担保建筑能被身体度量的基本尺度。

图61

项目名称：清水会馆
项目面积：2000 平方米
项目设计：董豫赣＋百子甲壹工作室（许义兴、林春光、贺春燕）
项目施工：金洪源开发公司 高磊工作室

清水会馆——建筑部分

理想的业主不期而遇，如果不是他的从容，我或许会将"家具院宅"的概念在北京为他在"清水会馆"里实现。但是，他似乎并不急于看见一个现成的院宅方案，他找到我是因为他被时尚杂志上的"水边宅"照片里的红砖光晕所打动——而这光泽正与他迷恋古典油画光泽的艺术经验重逢——人们一直以为红砖是我的选择。这是一位罕见地还希望维持一个三代同堂的年轻业主，他本人就曾有过在四合院成长的童年经历，这是我后来才知道的——他曾请人做过一轮仿古四合院的设计。因此，他将设计交给我时就叠加了双重期望——既要用红砖材料表现出他所喜爱的某种暖色光泽，又能复现他对四合院大家庭生活的某种记忆，而我则指望着将那时对中国园林的狂热兴趣投射到这一任务里。

或许是北大这一新的教学环境，让我触觉到一些中国文化的直接熏染，一些罕见的机缘帮我从对西方艺术的持久关注，忽然扭向对中国艺术的极端兴趣。那时，我正在中国美院师从王国梁先生攻读艺术史博士，本打算借助《极少主义》刚刚成书的余热主攻"大地艺术"，既然许多极少主义艺术家都先后转向这一如今被认为是景观的"大地艺术"，而这一领域正能匹配王国梁先生的环艺方向。

我的这一突发的文化转向，让我决定改题，当我中途向导师申请中国山水的新方向时，这一颇为失礼的请求，却得到导师异常大度的宽容甚至无私鼓励，我很快就狂热地进入相关中国山水的文献研究。

借助为《建筑师》105 期"空间专栏"组稿的机会，我一口气写了一篇关于空间的"三合一"文章——"玻璃空间""镜子空间""速度空间"。[1]居间的那篇"镜子空间"，就见证了这一中途转向的生硬与仓促——在前一篇"玻璃空间"里，我还在利用极少主义的余味来讨论密斯的"玻璃空间"，而在"镜子空间"里，我就以为我能从刚刚踏入的中国园林那面镜子迷宫

[1]董豫赣. 透视空间 [J]. 建筑师, 2003（5）：32 – 41.

里，找到另一种摆脱建筑学赋形控制的立面出口，但它似乎也就忽然屏蔽了我从"家具建筑"所发现的那些类似出口。

《镜子空间》段落文摘

"假如透视学无论是从技术上还是认识上古代中国都无可争议地早过西方的话，透视学在中国的停止发展是否可以提出另外的问题：古代中国画家是否无所谓透视而放弃了透视的发展？"

"我们很容易从这里回到那种西方传统空间被一点透视归顺，而中国传统空间被散点透视所区别的论点。问题是这些区别假如真的构成了西方建筑空间与中国传统建筑——主要是指园林空间——的区别的话，区别如何发生？又为何仅仅发生在园林空间？从散点透视这一主要西方的技术方法是否可以考察清楚？

利用郭熙的"三远法"——高远、平远、深远（长、宽、高）的原理对范宽的《谿山行旅图》作透视学的比较论述，当然可以认为画家有意利用散点透视在不同高度上布设了矛盾的视点——它竟然将在绝顶上俯瞰的山峰置于从另一较低处仰视的山腰之上，这如此违背传统西方透视学固定视点的透视方法：它要么全部仰视，要么完全俯瞰。像《谿山行旅图》这样矛盾地综合了两个或多个视点的方法只能在塞尚的散点透视或更后些立体主义的拼贴画中才可能发生。我们或许同意绘画史上的这种跨时空的不谋而合，但范宽真的会在意他不甚了解也无意了解的透视么？

我们相信中国山水画技巧之一的"搜尽天下奇峰"写生过程是实，以此在胸中打稿也真，如果考虑到中国画的作画地点是几案而非西洋的墙壁或画架时，中国画在绘画过程中已经转变了当初写生时看待自然的视角。无论当初是仰视还是俯瞰，到了几案上都变成平等而平视的素材。这些素材不但可以是得自不同时间不同地点搜来的写生稿，甚至也可以是先辈范图，因此，无论从技术上还是方法上

它们都不需要在综合过程中对它们进行视觉修正。画中视点的变换与其说是透视方法的漏洞倒不如说是自然意识的自觉。"

"现在，园林的那些看来散点透视的空间格局显示出另外的途径：它们无视于西方的透视空间由整体到局部、由重点到陪衬的设计方法，它们首先是造园者从山水画中获取，从诗中领悟，从大自然甚或常常从其他园林里攫取的异质片段，甚至，说它们是片段并不精确，它们通常是完整而独立的，首先是精彩而诗意的，它们可以是建筑、是山水、是片石、是枯藤、是小桥……于是，我暗自觉得，也许这种与诗画同源的空间方式并不专业也不完全，但很可能就此重获那些在过于专业的建筑学里所丧失的一些轻松，一些诗情，一些画意。中国园林的经验似乎要让人相信存在着一种设计方法，可以既不牺牲片段的精彩，也不丧失被连接后作为整体的空间意义。

实际上，除非我们一定要让观画者处于绘画者的位置，除非我们刻意要寻找一种一点透视的整体性，否则，范宽的《谿山行旅图》在我们眼里还是浑然天成，了无拼贴的痕迹，就像我们在《清明上河图》中获得种种片段场景的经验之后，从来也不会意识到它们是否有整体统一的问题一样。这样的问题并非被遗漏，而是在中国传统文化里既然从来就没有自然与人工、物与我的分离问题，他们就有造化不用考虑整体性的问题。假如整体性的获得源于主次的区分、伦理的服从以及秩序的规训，中国传统园林的和谐恰恰是以无区别的态度浑然地对待那被整体性所区分的一切：内与外、人工与自然。

于是，我原先对中国园林在一面曲折的粉墙上如何能够开启那些形态迥异的漏窗门洞而不失协调的困惑得到解释。因为，假如玻璃空间常常是将原本内部空间显现为外部空间的话，那么镜子空间恰恰是将原本外部的空间显现为内部所有，中国园林空间大半是外部空间，不过是由于大

量墙的分割，使得空间之间彼此成为对方的内外空间，就像相互照镜子一样。于是，那些看来奇异的漏窗或门洞基本重点主要不是针对它与墙的关系，而在于它们与墙这边或那边（有时内有时外）的景物发生了镜子般的容纳关系（图62），它们实际上通过透漏墙那边的精心配对的景色瓦解了我们对于它们与墙的关系是否协调的问题，顺带地，当我们穿过门洞看见那边原本偶然的一株藤，一叶芭蕉，或若一方湖石的奇异并置因为与那些奇异的漏窗门洞分别地对仗工整，就好像也同时能获得合情合理的理由。"

"因此，廊在中国园林空间里所获得的意义远远超出了西方建筑中廊的连接功能，在此（图63），廊还平等而自然地承担着对一切迥异的片段的承、转、启、借、漏、遮，最后才是连接这些精彩片段并将它们构成迂回而无始无终的多面时空，于是，廊的介入就像那枚铜镜铭文中重复多次的连词'而'字，一切内与外、自然与人工的景像都无区别地被'而'字浑然地连接：

而内而外而明而暗而窄而阔而上而下而近而远而自然而人工……

最终，园林就像是那枚汉代铜镜，有能力包含一切精彩而异质的多样空间，也有可能以任何方式介入那多样的空间。" [1]

由于初涉山水，这次所涉及的墙垣与廊的园林意义，与三年前那篇《隙间》并无深度的区别。区别在于，前者将赋形寄托在小木作的开合构造上，而这一次则试图将园林置于透视角度下并分析其相关赋形的差异途径。

基于要为范宽的《谿山行旅图》找到一种非西方透视学分析下的中国视野，我才重新审视中国画家"搜尽奇峰打草稿"的这一游历写生的习惯——如果中国艺术家的写生，乃是对

不同时间、不同地点景物片断的收集，而画家们回到案台或墙壁上的工作，就是设法将这些差异的片断聚集成形——它的山头很可能是基于某个鸟瞰视点所写，而它的某处山腰却反而可能是基于仰视所绘，如果这些写生而来的峰、峦片断果真被中国画家如此拼合成"层峦叠嶂"的山水，这山水就不能在文艺复兴某个架前定点透视下获得恰当的分析。

虽然我也意识到，对中国画家曾以什么原理能将它们"层叠"一起，并层叠出"层出不穷"的山水意象，我并不清楚。但

图 62

图 63

[1]董豫赣. 透视空间 [J]. 建筑师，2003（5）：32 – 41.

是，如果山水诗人也曾以一样的游历收集诗句片断，并能以"对仗"原则来处理它们，那么这一经营原则就提供了可被讨论的可能。

或许是这"对仗"具备与古典建筑学先天赋值的"对称"相平行的比较价值，让我一时以为我已找到了将那些诗意的写生片断聚集成形的方法，其赋形能力一如那面镜子一样，还能包罗万象，我对此大喜过望。

那时，我正在撰写十七章的博士论文的开头几章，每一章都以一句成语为标题。我以龙能杂合九种动物为例，并用"聚精会神"为题，讨论"对仗"的镜子空间所具备的聚形能力；又以王维的《山居秋暝》里每一句都能独立入画的意象为依据，并用"断章取义"的古写方式"断章取谊"，来检验"对仗"如何能在确保片断独立性的前提下还能相互取谊。

在"断章"的鼓励下，我将那些曾在各种场合打动过我的空间片断一一绘制成独立无凭的图纸片断——顺暖气片缝隙下滑的光线魅力，后来成为砖书架的高窗处理（图64、图65）、某个拆迁现场拆除预制板之前的天花缝光空间，后来变形为家庭影院（图66、图67）、"水边宅"砖墙转角织模之前的竖向缝光记忆，后来成为卫生间6米高通缝窄窗的前身（图68、图69）……一一绘制成图。

我此刻猜测，或许正是业主对油画暖色光泽的迷恋，帮我从游历或记忆中选择了这些相关空间片断，它们居然一律与光线有关。或许这才引起了我对砖砌法光照的关注，而在"水边宅"里，尽管对采光的关注，也曾造就了光线与砖墙之间的红色光晕，但那时因为过于关注"家具概念"的赋形能力，我对砖材料本身在光照下的砌筑方法既不关心，也无反应。

既然"水边宅"的教训，让我决定改善以往不善与业主交往的缺陷，我就自然希望认真了解一下建筑未来的不同使用者——他的妻儿、父母以及岳父母的不同需求，我与业主大约每个月见上一次，地点多半在大觉寺或九华山庄这类风景较佳的场所。而他还不无固执地带我了解位于北京郊区那片几

乎空无一物的基地四季的情况，我当时不曾意识到这一看来收获甚微的四季观察有何意义。我只是全心全意且兴致盎然地绘制着那些片断图纸，并将它们拿到万圣书园的咖啡厅里给业主描述，给那时还是我学生的王欣描述。

这些就是王欣在我电脑里看见的那"一堆咪咪小的东西——三角形的、小圆楼、小方块等古灵精怪的东西"的图纸来历，对此，王欣当时不无吃惊地表示——他从来没看见过这样的方案，一系列空间片断的图纸以各自完成程度不等的模样，一字排开，但是？

"断章"后如何"取谊"？

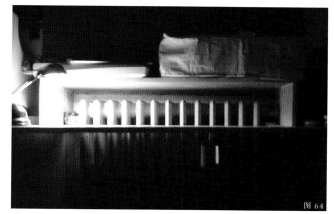

图64

图65

图 65

图 67

图 68

图 69

而且,会馆建筑又在哪里?

我知道,这是我迟早要面对的问题——我将以何种线索将它们"对仗"成群聚建筑,而不只是一群毫不相关的即兴片断,即便我能以"对仗"进行最直接的空间对比操作——大小、高低、明暗、狭阔,它们也确实如此展开。但那时候,我还没能从"对仗"里寻得"互成性"这一可以比照西方建筑学"自明性"的赋形核心。处于这转折之中的中途,一方面,"自明性"需要从内部寻求的某种起点,这使得我重返回对功能的考察;另一方面,对"对仗"与"位置经营"之间密切关系的模糊理解,又使我试图从基地的环境里寻求某种线索。

那一刻,业主当初带我对空芜基地的四季观察(图70),终于显示出对建筑布局的重大意义——即便基地本身没有特征,即便基地最好的南向是杂乱的万国建筑式样,但剩余三个方向都甚具特色——基地北侧再无聚集的建筑,而远处的远山如果在风烟俱净的天气里,还能显现出其近乎碧黛的山峦远势;而基地东部一条运河虽近干涸,但也不妨其岸芷丰草的郁郁青青,河那边隔着几行杨树,还有几无人烟的一片农场,它们构成了可近观远玩的田园景物——这帮我决定将会馆的主要空间贴近近景的东面河堤——毕竟北京能看见北部远山的天气无多,而我发现整个小区里居然没有住宅针对这堤岸美景做过针对性的即景工作,这多少让我有些心情复杂的得意;西边地界则相对复杂一些,前半部分是幢日式别墅,而后半部却是颇具农家特色的一片整齐樱桃果园,我立刻决定将这个边界当成入口车道并用隔墙与周边隔开(图71、图72)。

但是,即便我决定从东往西、从南往北开始设计,但以什么功能来为贴近河堤提供即景的起点还是问题。计成在《园冶》里的"坐雨观泉"的诗意文字打动过我——我能想象它与柯布西耶将落水口处理成的"建筑物体"的区别——柯布是要将落水口处理成建筑里可被精确限定的一部分,而计成则要借助雨水将不同的遭遇——屋檐聚水、檐沟引水、叠石承水、最后水的跌落表现性将被坐在瀑布前的人所诗意地鉴赏。

尽管我计划在客厅的东面以玻璃天窗所收集的雨水下落来实现"坐雨观泉"的诗意,但我知道,北京雨水的稀少将使得这样的诗意难得一见。再一次,我试图以业主提出的两项功能要求——一个标准尺寸的游泳池,不希望使用加湿器而希望建筑内保持一定的湿度——来叠加成一个让我心安的观望落水的理由,这正是"家具建筑"所强化给我的思维习惯——功能"重叠"。

图70

图71

图72

它们帮助我确定将游泳池而不是客厅贴近堤岸，理由是东南角的游泳池在夏季东南风吹拂下能将凉爽的湿气吹向泳池东南向展开的公共空间内。现在，我将泳池补水的水管引向那个落水口的玻璃上方，希望补水时不但能透过玻璃被看见，还希望水在玻璃上的流动能为客厅掩上一层波光粼粼的水晕。

但是一个标准游泳池巨大的蓄水量，将来会排向何处也是问题。业主的助手小田曾跟我批判过市政排水的愚蠢——他认为正是将零星雨水或其他废水通过市政管道，排向北京之外某处才是导致北京水位急剧下降的罪魁，这一市政工程中断了水正常的自然循环——地气聚成雨水，雨水渗入地面。

这一批判性认识，使我作出了整个工程里最奢侈的一项计划——将游泳池底抬高到室外地平以上，它所带来的回报则是——从天窗注入游泳池的水（图73），在泳池排空时则将穿过东南角家庭影院的底部，进入"环水方庭"一圈排水沟（图74），而高于泳池正常水面的水则从庭内东墙上的落水口里流淌出来（图75），落水环庭院一周，再穿过中西餐厅之间的走廊与窄院，流向会馆入口前最大的仪式院落，最终汇聚所有院落环绕的排水明沟的偶然雨水（图76），穿过最北面的客房底下，从客房出挑的宽阔廊板下，汇聚在一个有着九孔预制水泥管桥的水池里（图77），最终流向建筑主体以北农业用地的天然水池里——幸运的是，就在那块地里，回填土所挖的坑里意外挖出了古老沙河（图78），它们集成天然池塘——它无需另做防水，于是水归于池，池渗于地。这一代替了市政管道的水体系，不但提供了一条如何将那些片断空间串连起来的积极线索，还多少让我稍解在徽州民居或者丽江束河村落里曾羡慕过的家家门前流水的向往。

就这样，以"聚精会神"与"断章取谊"这两章论文对园林的入门理解，就足以让我无所畏惧地开始了"清水会馆"的清晰而肯定的实践，工程几乎按照设计的这条线索，从东往西，从南往北有条不紊地按照功能配置展开着（图79）。

图73

图74

图 75

图 76

图 77

图 78

54

东南角比邻游泳池的一条风景优美的基地内，密布了三项功能，从南往北依次是家庭影院、起居室、客厅，以及夹在抬高的起居室与正常地平客厅之间的一个半下沉酒窖。

将家庭影院置于最南向如今看来显得颇为蹊跷，原因是当初家庭影院的南墙被当作地界围墙使用，它直接比邻南面的马路以及一幢白色的几何别墅，因此它朝南的一面并不能开敞的邻里特征，让我决定将它用作这一不需要太多光线的功能，除开微弱的顶光以外，我仅仅在它南墙上开设了一种可透光线但不透视线的转折缝窗（图80）。而这一空间内部南面所抬高的类似讲坛的高台（见图67），当初只是为了解决两个问题，它抬高的底下隐藏着两项功能——空调机以及一条连通游泳池与地段中部院落的南部通道。

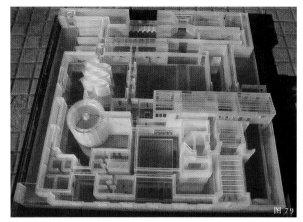

图79

正是为了增加游泳池与中部院落之间被南界墙阻隔的通途，我在这三组功能与中部"环水方庭"之间还设置了另两条曲径，它们隐匿在"环水方庭"东墙正中那个有着6米高缝窗三角空间两侧的阴影里——南面一条通达起居室与书画室的中途；北部那条则连接客厅与餐厅之间的中途廊道（图81）。水庭以西的建筑则被约减为南北两路，北路通向那个原本用作中餐厅的一个有着一圈高光的巨大圆厅——它的北部缀着一个可供早餐的中餐厨房；它的南部则容纳着两套老人卧室，它们被一条通往西部工人房与门房的西向走廊所连接——这一连接是得自业主的考虑，考虑到老人需要被工人随时照顾，也考虑到门房要为西侧车道与入口服务的复合需求。

但是，后来基地在施工中途的南向扩张——那条介于"清水会馆"与"白色别墅"之间的公共道路，被认定不具备任何实用性，它就被我的业主圈成内部院子，它确保了南向以院落连接的多样畅通，却使得家庭影院下部那条隐秘通道，以及泳池上方的一座拱桥都显得形状蹊跷（图82），它们原本都是为解决南向无路可通的问题所提交的功能答案。

另外，它还使得家庭影院占据南向的位置如今变得可疑，

图80

图81

当初为了解决由此带来的那些非南向位置但相当重要的起居室、会客厅的日照问题，如今看来反倒成为对建筑学剖面的自明性迷恋——起居室因为具备东向绝妙景物与东向阳光，不需额外光线，但最北部最重要的会客厅乃是以两层通高的空间，来因借玻璃天窗导入的南向光线（图83）；二楼两套主卧室很容易兼顾景物与南向光的双重需求（图84），但隔着南部走廊的夹心楼梯如何也能被阳光照耀的问题，使得我借鉴了路易·康曾绘制过但未曾实现过的剖面，楼梯间的光线越过被压低的二楼走廊屋顶，被半个圆拱导入高而窄的楼梯间（图85），而这半个圆拱又与顶部的平板之间再脱开一条缝隙，将光线导入北面楼梯以及比楼梯还北的主卧卫生间内（图86）。在这个卫生间内部，北部还有半个砖拱几乎以对称的方式构成整个住宅的北部主入口的上部曲线（图87）。

以这种并不完善的"取谊"方式，那些起先独立存在的"片断"被聚合一起，它们意外呈现的群体模样，让我那研究聚落的同事王昀认为它具备了某种聚落的外观（图88）。

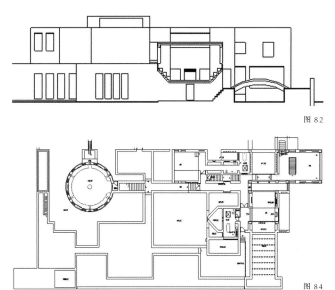

图 82

图 84

图 85

图 83

图 86

图 87

图 88

清水会馆——院落部分

随着工程往北展开，建筑内部被剖面决定的空间诱惑，让位于被外部建筑夹成的院落诱惑，南部密集的功能至此变得舒展，主体建筑以北的辅助功能，只有西北角车道尽端压低的三个车库、东北角隐蔽的有着三面风景的"主人书房"，以及横亘其间的两套客房以及一个中部"敞厅"（图89）。

主体与辅助建筑之间的空间，则被两条开合不一的走廊、五堵虚实不等的墙分割成大小、狭阔、开敞与封闭皆具变化的院落，从西往东依次是：

A．西界墙——旨在隔绝邻里。墙体封闭。

B．车行道——车道两侧野草杂生，夹种藤萝，平日可作狭长院落漫步。

C．西隔墙——旨在隔离车道。墙较封闭，仅于墙间设一错开圆洞，以供车行院窥。

D．合欢西院——院夕照而封闭，可南通"红果院"。

E．十字墙——旨在将东、西"合欢院"合而为一。墙厚可行人，墙券可落座。

F．合欢东院——院阴翳而开敞，可西望"梧桐院"。

G．西连廊——连接中餐厨房与北部两套客卧。廊直且敞——可直视"九孔桥""后花园"。

H．梧桐院——院方而阔，为"清水会馆"主要院落。

I．一字墙——旨在围合"梧桐院"。墙南部开敞而北部封闭。

J．银杏院——院且狭且长，北近客厅部分为"灯笼院"。

K．东连廊——连接客厅与东北角的隐秘书房，廊折而秘——西折可通"敞厅"，达"客房"。

L．香槐院——院隐而曲，南可攀至泳池；北可绕书房而抵"四水归堂"。

M．东界墙——旨在透漏东面运河风景，故为最通透的花格墙体。

而这组院落以北，还有一组完整的玄关与引序——"四面微风"作为车库停车后的第一道玄关，将空间引向"槐序"——过"槐序"—入"方院"—涉"九孔桥"—东行至"四水归堂"，当堂而立——东可面壁而折入"梅竹书院"则可隐身书房，南可过"青桐院"而步入"敞厅"，北可绕圆形影壁西折则入后花园，东折可折向"香槐院"……

有了这些狭阔不一的院落、幽敞不一的墙体的转折与围合，在接近60米见方的基地上，建筑在院落间的布置与经营接近完成。

而那一持续几年对"家具建筑"赋形能力的研究，在这次设计过程中，似乎完全被我与中国园林的初遇激情所遗忘。

其复苏则要等到施工接近中途——北大建筑学研究中心的学生带领几位密歇根大学的学生们前来参观工地——她们争相在刚砌好的圆洞里摆出维特鲁威人的姿态（图90），而中心的一位男生却将这砖弧当作卧榻（图91），半卧成王羲之的模样——他的这一身体与建筑的贴切关系，忽然刺醒了我那时被"镜子空间"的杂合性所杂蔽的"家具建筑"。

接下来，我很快在东廊的东西两墙上现场修改出可供独坐与对坐的三个家具圆券（图92、图93）。

而基于林鹰希望有提供合家围坐的家具设计，我才下定决心修改那堵在平面与模型里都还异常曲折的墙体——我原计划在这一简单行走功能的墙壁间，放任自己去实施一类名

图90
图91

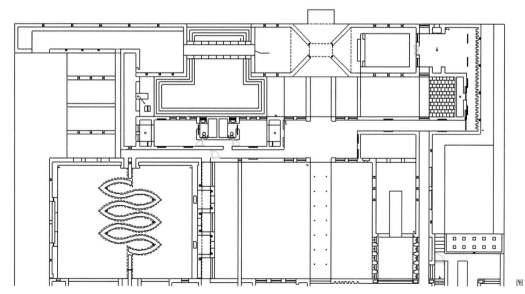

图89

为"砖湖石"的砌筑工艺——利用砖叠涩叠出透漏如太湖石的空隙以备穿插藤萝，这构想的模型都由学生唐勇制作完毕（图94），但终因"艺术与技术"里相关砖"技术"的匮乏而犹豫未决，而在"家具建筑"的这次刺激下，我终能将其修改为十字模样，十字墙的一端，提供攀墙而上的墙梯功能，而十字墙下，则叠加了一组"家具建筑"这一让我终究心安的功能（图95）。

至于那个圆厅之上圆如深井的天窗，虽也叠加了家具功能——侧面可开启的窗将为6米高的圆厅提供拔风功能，而其玻璃平面的高度也正适合做一个圆形吧台——但是，这处整个建筑可上人屋面的最高圆台（图96），原本还曾有一种诗意的意境假设——假设周围种上一圈高高的桂花树，它就能成为中秋桂香赏月无碍的天台。

但后来与业主去苗圃质询此事的时刻——我对自己植物知识的匮乏不无沮丧——桂花既不适合种在北方，也很难长到6米高空之上来香合月台。

为了给"清水会馆"配置植物，我曾用很长时间去北京各类植物园做卡片式的知识补习，这让我检讨建筑学教育里相关植物的训练——建筑学的制图训练将曾与人生活如此密切相关的植物，抽象为一个个圆圈，其意义正如其名称所暗示——建筑配景，而园林专业似乎反过来要将造园仅仅变成某种植物标本的技术知识。

只有当我面对院落正被围合的那些时刻，我才意识到这两种对植物的认知都难以帮我完成对空间的经营重任。

为给车库与进入清水会馆主体建筑营造出一个前序空间，我特地去苗圃挑选了6株冠高2.4米左右的龙爪槐，以期它能在狭长的前序空间内，以低垂掩映来压低进入的身体姿态，造成进入的差异氛围，是谓"槐序"（图97）。

在踏上"九孔管桥"之前的南侧有个狭窄天井，为了给窄院东侧临水小坐以植物底彩，我在正对东墙窗户内留设一个

图 92

图 93

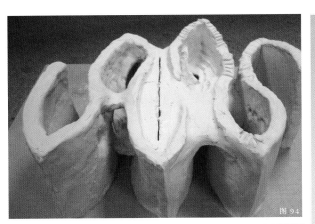

图 94

图 95

图 96

61

种植坑，种植爬藤，并在坑壁与西墙上固定几根细钢索，期望爬藤能援索而上，为东窗外提供一片藤帘，是谓"藤帘井"（图98）。

从"九孔管桥"进入"四水归堂"南折，路过一个有着巨大台阶上屋顶的小院，因为它以两堵墙两邻"梅竹书院"与"银杏院"，我就选择在两侧种植且高且直的青桐，以期它们能在隔壁两院内得以观其剪影，是谓"青桐院"（图99）。

过"青桐院"，南入敞厅，再南则为中部颇具仪式的院落。为加深那条连接敞厅与主入口之间道路的仪式性，我将地面抬高稍许，原计划用伏柏植于其叠涩的基座下，而在其上种植虬曲的碧桐，那种伏地而生的伏柏将给这抬高的路面以四季常青的绿色衬底，而那些交颈合冠的梧桐将从道路上方为此仪式加冕，原名此院为"桐柏院"，但终因对柏类的家居忌讳而放弃了伏柏，只剩下新栽的法桐，是为"梧桐大院"（图100）。

与"梧桐大院"一墙之隔之东，原计划植一株高大银杏，以供客厅北望成景；终因价格昂贵而取其小而双株，植了那墙间可坐的家具圆券之间，两株各围树坑，所围矮墙堪可落座，遂于银杏间增设条案以小憩对谈，是谓"银杏院"（图101）。

"银杏院"隔东廊，其院与河岸景物相接，除两条窄道以外，泥地不堰，将就其野，或虑其野，仅沿近堤处散植带刺香花槐，其价甚廉，而其花美且香，是为"香槐院"（图102）。

"环水方庭"之南院，乃为书画房与西餐厅共赏之重地，购得两株价值不菲的白玉兰，以匹其大观，是谓"玉兰院"（图103）。

老人卧与工人间，留有隙地，植以近地而丛散的红果树，一喜其枝干虬曲，二喜其树皮近乎桦树色泽，尤喜其果红如星缀。虽谓"红果院"，其边界复杂不整，实乃大圆厅、工人房、老人卧夹合而成（图104）。

绕大圆厅西行，至那堵十字墙一分为二的两个院落，为给修改后的十字墙下可供四人合坐的牌亭赋予某种全家合欢的诗意，在它四个角落里分别种植各一棵合欢，它们将被分离的两个院落合成一处"合欢院"（图105）。

图97

图98

图99

62

图 100

图 101

图 102

图 103

为给"合欢院"东南角的厨房备餐以可观植物，颇费精力，以其角落东被厨房所荫蔽，南为圆厅所高压，选得一株耐阴之栾树，眼见其斜枝逸态斜向圆厅与厨房交织成的斜角之内，那是我现场见识的植物与建筑所能搭配的最工巧之处。

就这样，以园林之名而兴起的植物兴趣，为那些原本仅具大小、狭阔这些抽象特征的院落一一赋名，以谋求某种建筑空间的功能名称所难以触及的某种情境（图 106）。

因此，当《建筑师》主编黄居正带一行人来对初落成的"清水会馆"进行评估时，葛明对这座房子"吐词清晰"的建筑评价我以为是中肯的；王路最后总结说我是在"作一篇汉赋"时，我猜，或者他在对那些空间片断的华丽赏识中，已然隐现了某种批评与建议；比之于龚凯的暗示——"他想说的东西就是他想要的东西，比如说中国园林、庭院什么的。我觉得这些可能就是董豫赣想要的东西，或者说是他在这里不是太满意的东西"，李兴钢的针砭则直接是索取性的——既然他与我都有着一样的中国园林的兴趣，既然我们一起在苏州园林里共同度过一周的闲谈园林的美好时光，既然他还几乎完整地听过我在北大一学期的中国园林课程——他有能力直接避开相关空间片断的质量问题或砖造工艺的技术问题，当他在"清水会馆"的那些杂交命名里，直接索求我那时一直讲述的"化境"或"意境"时，他的切中要害让我一时语塞，而他的失望也是我所能够理解的。

但我只能自我宽恕了——毕竟，当我能"吐词清晰"地进入相关"意境"与"化境"的理论讨论时，多半已在这座建筑落成之后，理论与实践的不同步并非我能以猛药催化。但"园林"理论的强行进入，对这次实践造成的影响对我而言还是意味深长，按照业主的敏锐观察——园林意图的强行介入，提供了将一个原本正统的四合院变形为一座"变形的四合院"的力量——它如今正介于"院园"之间，并作为我这一用力甚猛的努力见证。

图 104

图 105

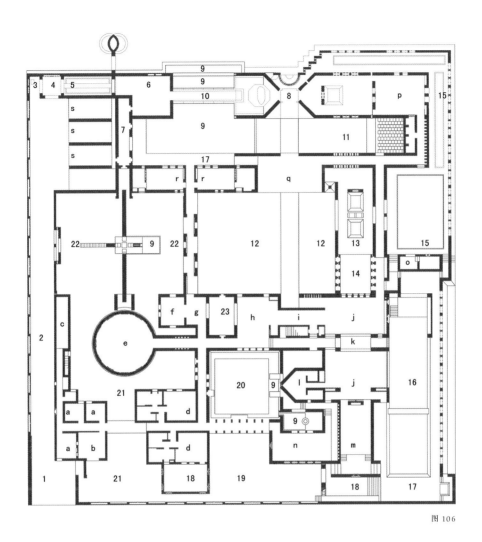

图 106

1. 车行入口　2. 车行道　3. 美人蕉　4. 四面微风　5. 槐序
6. 四方小院　7. 藤宿井　8. 四水归堂　9. 水池　10. 九孔管桥
11. 青桐院　12. 梧桐大院　13. 银杏院　14. 灯笼院
15. 香槐院　16. 游泳池　17. 晒台　18. 小方院　19. 玉兰院
20. 环水方庭　21. 红果院　22. 合欢院　23. 梅竹小院

a. 工人间　b. 锅炉房　c. 洗晒间　d. 老人房
e. 书画堂　f. 中餐厅　g. 中餐厨　h. 西餐厅
i. 西餐厨　j. 会客厅　k. 高榻台　l. 洗手间
m. 放映室　n. 供佛堂　o. 泵井房　p. 主书房
q. 大敞厅　r. 客人卧　s. 停车库

我当时建议这些朋友们五年之后回访"清水会馆"，因为，我不再认为建筑学的高潮乃是建筑本身竣工之时，我也不再将建筑看作一些凝固瞬间的精美照片，我将相关"意境"的未来希望寄托在我与业主对院落里林木的精心经营上。

仅仅一年之后，当我再去清水会馆，有关林木经营的当初意图，在时光中的生长几乎有些超出我的预料：院落里原本截枝修干的移植残躯，神奇地迅速恢复了元气与生气，那些我与业主从多处苗圃亲手挑选的植物——合欢茂密、银杏灿烂、玉兰幽香、红果虬曲、青桐笔直，横向舒展的法桐几乎就快要在主干道上方交冠荫庇、绕石盘旋的紫藤甚至将它依附的白石缠绕得不留空白，东院的香花槐依据计划几乎与隔墙东岸的杨树长成一片，西边车道两壁间散种的爬山虎还将褪色的红墙重染秋红，书房南侧巨大的台阶上墨色的苍苔压不住砖红而勾兑成古铜般的色泽（图107），银杏院墁满红砖的地面所褪尽的别样灰暗与两壁间依旧辉煌的砖红在银杏枝叶间交相辉映……北京日渐湿润的空气将红砖染成墨色苔绿，有些时间的痕迹似乎已然为这个变形的四合院带来了一些我在设计里难以预料到的细微意境。

甚至，我在两处相关林木"意境"的确切求索似乎也得以检验——从车库到九孔水泥管桥之间转折的"槐序"空间里，我当初试图用六株龙爪槐压暗空间，压低行人的意图，被龙爪槐茂密而下垂的枝叶如意执行，并额外地在两个圆门洞之间呈现镜子空间的杳幽意境；而我在相距不远的"藤帘井"浅池里所植的爬山虎，也果然从我固定在池沿与砖墙之间倾斜的细钢索之间攀爬而上，它实现了我希望它能为东面的三个洞口提供绿帘的意匠。

但我也意识到，我在"镜子空间"里直觉到中国园林与西方建筑学针对墙面开洞口的基本差异——建筑学的洞口是基于某种类似比例体系为建筑确定"自明性"的洞口，而中国园林的粉墙洞口则为两侧景物所外向洞开——但是，西方建筑学的强大影响还是在这次实践里留下深刻的痕迹——尽管主

图 107

图 108

客厅针对北面银杏院的景物开设了一系列竖向条窗，而隔着游泳池的围墙我也特意选择了最大的砖花格来透漏堤岸佳景，但是，就在那阳光明媚的餐厅里，南面窗户与玉兰院之间的那个"环水方庭"——尽管提供了一套砖作桌凳，但为什么一棵树也不种——它是不是在向康那个著名的露天教堂致意（图108）？

这固然值得，但这与我和李兴钢在东莞"可园"里看见的庭间植物配置情况，简直南辕北辙，在那里，植物不只是提供某种开窗的框景，这固然有某种与生活的视觉关联，而在"可园"里，几乎在一切能提供居留的乔木的阴翳之下，都会划出一个与树干不成比例的过大树池，它不只容纳树木的生长，池间的几张临时桌椅或砖桌石凳暗示了人与树同长同老的时空合化（图109），它对比了我在"清水会馆"里相关树池与家具处理的细微差异——我在"银杏院"里，也曾为那两棵银杏修建了两个独立树池，并以树池为条凳，但我却将条桌砌在两个树池中间而非树池内部（图110）。

正是这一细微知识，让我开始将植物看作某种可与人身体发生生活关系的诗意媒介，而不仅仅是家具或建筑的赋形起点，这一差异认识，使得我对一张展现了这类关系的空间小景的照片，有着近乎偏执的着迷，那是中心学生李楠从尼泊尔带回的图片——一圈砖活讲究的矮墙隔开了外面碧绿的灌木与内部简朴的家具，但是砖墙对灌木的一半遮挡，恰恰使得灌木试图从用作靠背的砖墙上空弯腰进来，外部一圈鹅黄碧绿的形色，与内部的几张木制条凳以及陶砖铺设的桌面一起，合成了某种内外合化的氤氲氛围（图111）。没有这些，家具固然也能表现出对身体的某种等待，尽管家具的等待，也曾帮我在建筑赋形问题上下过决断，可是，如果没有这些植物所围合出的那部分诗意，身体与建筑的遭遇就缺失了某种可触可感的生活情境。

按照我如今对庭院的理解，我倒希望将这个"四方水院"

的南侧种上茂密的紫薇或金银木等灌木，因为它的居间位置原本可以使得从庭院南面的玉兰院、西面父母卧走廊、东面两个窄天井内的两条隐秘通道、北面的餐厅里以身体与视觉游走时都能获得"眼前有景"这一造园核心观念，而这正是童寯在《江南园林志》里从中国园林里抽离出的核心之一；正是基于"眼前有景"，曾让童明与我对平面图本身的优美开始怀疑——当时在沧浪亭里，当我们漫步在"翠玲珑"三个以对角串连因此皆具四面景物的四面厅之后，童明对照图纸，发现作为建筑学图纸的别扭与作为现场漫步的美妙间所形成的巨大的反差，简直让人无比诧异；这在我的这次设计里也得以局部见证——在"梅竹书院"的楔形空间内，我所刻意为书房独立内院经营的颇为雅致的砖砌花窗，以及我为业主的爱好而在影壁前种的两枝梅、一池竹（图112），或是腊梅尚幼而竹丛未发，我老是觉得这一刻意经营的天井小院，尚不及那些由围

图 109

图 111

图 110

墙与建筑之间所形成的狭阔不一的缝隙庭院(图113)。

这似乎忽然落下了周榕对我提出的那个相关"立格与破格"的问题。但是,"破格"的诱惑还是让我此刻踌躇,毕竟这些看似破格后的偶然精彩在我对两端控制之间才偶然闪现——我控制着建筑与围墙甚至主要院落——而精彩之处却意外地出现在这两者之间。

况且,其余的精彩所在,却多半出自那些经由我所控制的院落转折处,二者皆出自现场修改,前者基于对园林转折处的笔墨浓淡理解,而后者却出自业主对安全的功能调试——它们被不同漫步者有意无间记录下来(图114、图115)。

它们让我如今对康所说的——以可度量的建造方式抵达建筑的不可度量——深信不疑,而我还同时信任被文丘里讥讽过的康的另一句话:"建筑师应当为他所设计的外观感到惊讶。"康的这句话因为被文丘里在后现代语境里讥讽过才变得格外著名。

这两种打动我的转折处理,还在于它们从气质上都有些接近我在苏州园林里体验到的一种多样性并置的杂交诱惑,单从空间构成上,臧峰在留园拍摄的这张图片的曲折层次与上述几张图片并无二致(图116),但我意识到区别不仅仅是留园里具备景致的疏密、明暗等差异配置,还在于在那里,景物明显地具备了对建筑改观变形的能力,景物不仅是建筑某种基于"借景"的事后配置,景物还能与建筑展开"互成性"的相互赋形。

这是我在"清水会馆"的建造期间,中途遭遇到的来自设计起点的另一层困惑,即便我最终能学到如何为建筑配置相得益彰的外在植物,即便我还能在未来兼修如何为建筑内部配置匹配的家具陈设,但我更需学习的恐怕还有如何因为景物来反向设计建筑,并改观建筑的外观。否则,我或许会辜负我近几年从《园冶》里读出来的"互成性"造作理论,也将辜负建筑有时遭遇到良辰美景时的"互成性"时机。

图113

图 114

图 116

图 115

造园起点

对清水会馆北面约八九亩的农业用地所进行的最初的园林设计——因为那时对如何经营一处中国园林景物的完全无知，我曾将它设计成一个大地景观的几何形模样，并绘成图纸。

对此，非但业主不满意，我自己也甚觉心虚。因此，当为了回填"清水会馆"室内地面所需的土方，而在这块场地挖出地下水时，就在我心里渗出经营山水的念头，那时，我所痴迷的园林文献里一些相关造园起点的文字也一齐涌现，我几乎毫无畏惧地决定选择明人王世贞建议的造园起点：

"吾园之始，先凿地为池，堆土为山；池愈广，山益高，然后再详加规划，可称独为一家之言。"

这个"先凿地为池，堆土为山"的起点，是我所偏好的起点，因为它与我之前的"家具建筑"概念一样，不但以"事半功倍"的"城池"模式，叠加了两项相辅相成的工作——以凿池之土堆山，则"池愈广，山益高"；还同时能为我随后的造园活动媾和两种可因借的景物起点——山水。

我不太焦虑相关理水的池形之事，它几如天定——罕见的高水位地下水，乃是基于它正挖掘到一条古老沙河，有些地方，地表土层仅有几厘米厚，底下就是各种成色的河沙，有些适合调拌混凝土，有些适合勾缝砂浆，还有些适合水泥垫层。承包方对此意外收获惊喜交加，他们沿着能挖出河沙的方向，在挖出各种河沙材料的同时，慢慢就挖出了一个与古河道走向一致的池塘雏形——这正是宋人郭熙对工人造作"但所不闻"的听任结果——它宛若天成。

我唯一的要求就是在池塘间留个小岛，剩下的事，我只需要将这个池岛雏形继续修广修深以蓄成一方水质天然的池塘，并将修边修角所修出的多余河沙河泥用于堆山。

山的位置就定在整个用地北侧，目的是为了在清水会馆内看过来，人工之山可以与偶然显现的远处真山层次相连、远近交替。

但是，对于这山形该如何确定？

我再次求助于经典——我准备模拟我所迷恋的无锡寄畅

园的"八音洞"。它堆山不甚高,约摸两三米,叠石技术也不求高超,仅以黄石垒底而以湖石压顶修边。但就在堆叠的两三米高的缝隙空间上空,四面杂木环合所经营的杳窅亏蔽,却帮它获得深山老林的超常尺度,这尺度不但能将其间细小溪流委曲藏收成洞,居然还能将狭窄空间转折得透迤若谷。大雨滂沱之际,我与童明在这洞里所聆听过的隐约泉落声也让我记忆深刻(图117)。

我试图以简朴的毛石墙堆出一座类似的山涧,并希望利用基地西北角现有的一眼深井为野趣的池塘补水,让水流叠响于山间几折成涧之后,从一个近似艺圃横亘于水面的近水大平台下,瀑入池塘。为保险起见,我还将这个毛石山涧包在一圈红砖拉结的围墙内,南面临水之墙则构成大平台的背景,其间六个圆洞,三个为门洞——可分别涉水、入谷、攀山,另三个圆洞则嵌套了三种家具——可分别提供内外合坐、朝外坐、墙间对坐(图118)。

之所以没在宽大的临水平台上,作一橖如"艺圃"里"延光阁"那样阔大的堂榭,而仅设一个依墙壁立的亭子,乃是基于农业用地内严格的土建限制。但我实在没料到,连正在陆续进场的毛石材料也忽然被禁止运输,我只能将就业已运进来的些许毛石,来临时修改设计了。既然毛石山洞已不可奢望,我只能用水泥在现场制作了一个土山土池的草模(图119)——原本指望在实践过程中再收拾残局,一如我在南面建筑工地里所进行的那样——但两辆已经进场的掘土机的价钱与速度都容不得我详加规划,我原指望的一边品茶一边悠闲指点堆山理水的幻象,大概只适合指挥手工时代的泥瓦匠了,而当时面对机器的轰鸣声与它们如"如来神掌"般的巨大

图 117

图 119

图 120

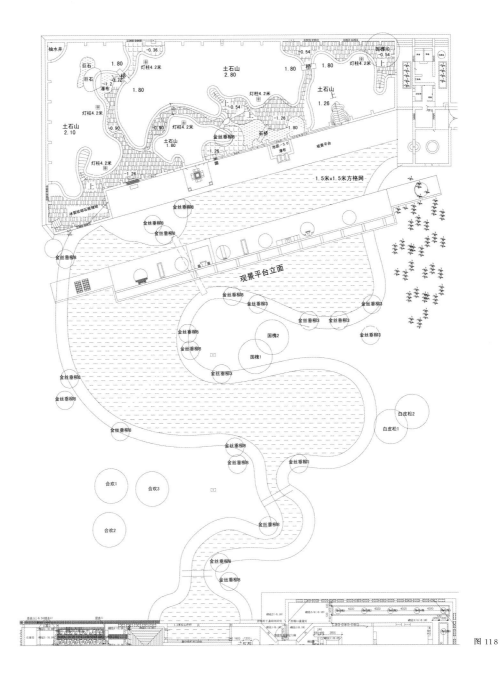

图 118

抓斗时（图120），我似乎仅能对土方堆放处进行大致位置的仓促指令。原计划几个月的叠山理水，三四天工夫，山水就各就其位了。

山中既无泉声叮咚之涧，也无可居可游之谷。没有了"八音涧"内部空间的经营——我只能对土山进行或高或低的形状评价了——而这正是我极不擅长的模棱一面；而至于理水，我甚至也没有足够的毛石来为池塘驳岸修边，毛石只够驳起那道沿古河道西南方向倾斜的平台下部（图121）。

尽管，后来在我的学生唐勇的协助下，我在这个被简化的平台上，修建了一个石棉瓦顶的临水之亭，还在山后西北角为那口井修建了一个泵房，尽管我对于亭子与泵房的建筑部分比较满意（图122、图123），但对于整个园子如何往下经营，我实在毫无底气。

我只得选购一些低预算的柳树与喜桐，几簇稀疏的竹林与一圈纤细的银杏幼苗，近山处移植了一些柿子树，在山坡上再散植一些火炬灌木。我只能期待那些幼小银杏，半大的柳树、喜桐、柿子树将在流逝的岁月里长得如同我在北京大学西北角那间办公室周围那些墨色的参天杂木一样，它们所具备的时间荒野总是让我迷恋。

当后山东北角的园丁用房，已有新来的园丁夫妇居住，当业主一家老小前来验收，当业主的孩子在山上山下、堤上堤下到处兴奋地攀爬时，尽管，这几年的交往，已然奠定了我与业主的深厚友谊，而那一刻，我还是意识到这或许是我作为建筑师收场的时刻，而那时，我还不能想象这个草成的园子，在日后他们的生活里，将会被新来的园丁经营成什么模样。

一年后的一个阴雨天，我在"清水会馆"各个院落里踱步，并欣慰时间对建筑所做过的包浆温润之际，当我漫步到那个能隐约透漏后园的圆形影壁时，我不无迟疑，当我终于绕影壁西折，步入后园——与我的一位朋友感受到的树木太少不同，

我立刻觉到柳树太多，且因不成疏密而失去照应——这是我的过错；而未经处理的地面泛水在今年的雨季里难以组织水流，它们在自然的汇聚处将堤岸冲出两道浅沟，直冲向池塘，它们被水泥简陋地处理成沟槽，在长满青草的斜堤间格外抢眼，则是园丁的应急而为，亦是土建铺设得过于稀薄所致；而为了池塘间小岛的排水所修的两处固堤且对称的红色空心砖墩子，也颇显突兀，而园丁新种的各色花卉灌木则加剧了这里的混乱处境，它们花色不同，形状各异，不但配置随意，且位置失调，这是我的第一感受（图124）。

因此，当我在池塘北岸的那个石棉瓦亭子里，落座、品茗、回望时，我掩饰不住我的失落，侧身对业主笑言：

原指望空旷野趣，

却得到碧绿香艳。

业主的涵养一向好过我，他只在苦笑间默认了会馆院落与花园的质量反差，但却引起一旁林鹰对他的提醒——董豫赣原本是给你设计过一轮"八音涧"方案的，她暗含的意图业主与我都能明白——"八音涧"的方案原本能确保后花园一定的质量。

但我心里却异常清楚，"八音涧"只能担保我建筑学的空间训练能在此得到施展，但它也只能担当相关园林的叠山部分的空间质量。但是，一座质量高超的山也不能完全成就一座较高质量的园林，就如同"环秀山庄"拥有一座国宝级的大假山，但它从整个园林经营上却远远逊色于"寄畅园"一样，毕竟，中国园林从不能以假山、林木、建筑这些要素来单独评价。

另外，对于我当初为何要以毛石墙来模拟"八音涧"的假山，而不去模拟假山的堆叠技术，我也颇有苦衷。毛石墙的技术我可以从建筑学里直接获取，但叠石的技巧对我而言却不可能自然天成；还有，为什么我一开始指望这个园林的野趣——它与我最初的几何造园的设计不正是处于二元对立的两极么？

我要么选择用建筑学的几何技术来规训自然，要么完全放弃建筑学的几何秩序而放任自然，它们正是如今通行的两大造园——几何园林（包括地形模拟）与湿地公园——的两类托词，造园技术要么用植物学的图案控制一切而成为花纹地毯，要么用纯粹的生态学来掩饰造园"意匠"里两项核心的同时缺席。

而我近来慢慢领悟到，中国园林的智慧是且造且化，以"匠"造，且以"意"化。

计成并没假设一个人工湿地的纯然无为性，一方面，他以"何关八宅"来反对将园林匠作等同于宅居般的纯匠技术；另一方面，他还要借助工匠的各种匠作技术来因借自然意境，最终因借成一处"虽由人作，宛若天开"的四可园林——可行、可望、可居、可游。这"四可"的"可人性"具备湿地公园难以企及的人文高度。

最近在对赵广朝所著的《国家艺术——一章"木椅"》的偶然翻阅中，我读到一段相关"艺术与技术"的重要文字：

"有一点非常非常重要，便是抱着实用主义（文人无用主义）的元入主中原时，每到一个城市时都会先把工匠都留下，然后大肆'清洗'。读书人往往'挟锯为匠'，以苟存性命。于是，便出现了文人干起俗务，匠人行列的知识水平大大提升的现象，为明代手工艺'艺术化'的主要原因之一。"

图124

这多少诠释了我这样的困惑——尽管自陶渊明以来，中国文人就曾致力于为一般居住条件增添诗意的工作，白居易甚至以施工说明般的精细描述过如何实施庭前方池的制作过程，但为何相关造园的完整著作却一直要等到明末清初的时刻才零星出现，或者正是元人的功利主义意外摒弃了文人骨子里重"意境"而轻"匠作"的习气，这或者反倒成就了这些文人——计成、李渔、张岱具备了类似于文艺复兴建筑师所具备的双重能力——"意匠"叠合的能力。

那么，如果我希望在这个学科分离的时代还能造园，我就需要同时学习相关"意匠"的两方面知识——"意境"理论与"匠作"技术。

相关山水"意境"的理论部分，在近几年相关山水的研究里，已为我积累了一定深度，这是我最近以"化境八章"在《时代建筑》的连载里能反映出的"意境"准备，但如何完善它们，还需时颇久。

建筑学的知识让我虽不忌惮相关"匠作"的造屋技术，但如何掌握相关"造景"的"匠作"技术——这一建筑学从未涉及的技术空白——这不但需时颇久，还需要罕见的造园实践的际遇，毕竟造园叠山理水的技艺已被种树或植草的技术所湮没太久。

南宁的许兵并非我最理想的建筑业主，却是我如今建筑之外的最好朋友。在他租赁的地段里，有一处被古建考据名家曹汛誉为中国园林"山水林木第一"的"明秀园"。许兵先是诱惑我改造它——因为文物部门的报批原因不果；继而又诱惑我在别处一块近乎让计成艳羡的"山林"地段里造一个新园"西江曲"——也因为项目论证的原因而未果。

断断续续几年下来，最终的实践结果，只是指挥着几个工人清理了明秀园内喀斯特地貌下的一些溶洞，另外就是带着研究生修了几个临水平台（图125）。

或许是许兵需要有个城市山林来满足他近乎痴迷的植物癖好——我一直以为植物学才是他理想的职业；或许是基于友谊而希望给我一次锻炼造园技术的机会，他让我为他购置于18层楼上的一个60平方米的屋顶平台上造个小园。我一心要借助这个难得的机会，来锻炼我的造园技艺。我断断续续用了大概两年的假期时间，在这个名为"膝园"的小试中，初步预习了造园的三项重要匠作——石作、木作、瓦作（图126、图127）。

在与此设计有关无关的借口里，我断断续续在那个让我心仪的"明秀园"里消磨了一些罕见的悠闲时光，这使我有时间慢慢回味先前那两个相关改园与造园的疑似设计，思考它们对我相关造园的将来实践所具备的阶梯意义——前者锻炼了我对先在性的绝妙景物的即景造屋的能力——对景物如何应变将成为建筑变形的确切理由；后者则锻炼了我相景与即景造屋的双向能力。它们为我在后来面对一块普通的房地产

图125

图126

用地时，蓄积了一些平地造景的知识，也沉淀了一些造园的欲望。

华南理工大学的朋友朱亦民邀请朱涛、李兴钢与我一道为广东东莞的地产项目设计连排别墅，朱亦民的意图是要以此来改善我的生活，而我对自己的生活却一直还满意，就既懒于改善也懒于涉足遥远而不牢靠的地产项目——我以"除非业主让我造个园林"来拒绝这一诱惑，毕竟我认为我的第一职业乃是教师而非建筑师。而他居然担保了我这一原本非分要求，这多少打动了我，遂问李兴钢的意图，或许是我们有园林的共同兴趣，他与我一样坚持要将连排别墅的项目做成园林，为此我们将地段也选择在一处，并宣称要彼此借景。

对这次造园设计最终未修正果的实践落空，虽也如李兴钢一样颇觉遗憾，但对我而言，其间既有操练的所得，也有对造园起点里的新线索的新近思考。

虽然，有了"明秀园"改造以及"西江曲"的模拟造园的经验，在"两可园"完成的文本里，我以为，我已然能将设计原本苛刻的条件——譬如不许有围墙而只能使用透空的栅栏——转变为造园的积极性景物，当我最终以"踏青爬碧廊"来解决这一围墙问题时，我从设计里似乎就获得了某种关于园林走廊确切的诗意遐想；我还以为，我在客厅"两卷竹藤"的名堂里，已学会如何将建筑的剖面拱顶结构与窗外景物进行媾和的"意匠"尝试；而架在"三框人物"之上的"瓦当桥"，前者以混凝土预制构件实现了家具与风景叠合的意图，而后者则要尝试将当地使用的西班牙式样的红色筒瓦这一材料，以桥面与瓦当铺设的技术叠合，挖掘出一般材料所具备的意境线索……

正是"意境"能对材料、结构这些"技术"提供"意匠"指导的能力，使我愿意中断对"两可园"其余十来处景点的详细叙述——尽管它们已然接近王路对我随后工作的期待——从华丽的汉赋到简练的唐诗，也还多半符合周榕让我放松些的善意劝告。

自"明秀园"以来，我发现我的设计说明，逐渐具备某种散文气象——而正是这种散文体的口吻与这本书一直试图反省自己工作的苛刻语气不甚吻合——毕竟在我为这套丛书所开出的八股格式——"从 X 到 Y"里，X 具备起点的意味，但 Y 却绝非终点，那么在我为自己所定下的题——"从家具建筑到

图 127

半宅半园"里，我更希望将"清水会馆"所呈现的"半宅半园"的院落模样，当作某种与当初家具起点有所转折的另一起点。

那么，如果有可能，我更愿意在未来以某本类似"造园小记"的小书，来详细叙述我如何从一个景物天成的"明秀园"里，获得改观建筑的反成方法；到如何在一块未经整理的野地里，以"西江曲"来从景物与建筑两方面，双向学习造园的设计经验；以及它们如何对于我在"两可园"——这一接近大部分房地产用地特征的场地——里的造园实践所呈现的预演意义。自然我也希望，我能有机会在不久的将来，能在两三亩地的范围内来检验它们的实践后果。

但是，此刻，我更愿意检讨我在东莞这个项目里，所发现的在"意与匠"里相关"意"这部分所匮乏的程度，并以此来展开并结束我从家具建筑到造园设计线索的自述部分。

当我们一行初次勘探现场时，基地正在进行平整工作，我惋惜远处那座小山被巨大的挖掘机轰鸣破坏，而眼见运输车辆将山料堆埋在低洼处时，站在低洼中间，满眼尽是大小不一的黄石则简直让我心疼（图128），这些石料正是计成和李渔都格外青睐的可叠黄石山的造景材料。让我倍感荒唐的却是——就在这座工地里就有一处人工挖掘的景观池，正在用一种褐色的景观石堆叠堤岸；而就在这一西班牙风格的连排别墅的项目入口处，还有一堵名为景观墙的墙壁也正在入口的椰子树下以同样的景观石堆砌（图129），而我问的问题——为什么不用被填埋的黄石来堆来砌——无人回答，我也懒得再问。

但李兴钢的认真却终于将这一问题的答案给追问出来——当时，李兴钢试图在他的园子里以毛石来试验一堵计成的"峭壁山"，但在汇报方案时就遭遇业主拒绝解释的拒绝，而李兴钢则在会后的路上面带微笑但异常认真地追问业主：

"您为什么不喜欢那座毛石峭壁山？"

"我不喜欢毛石。"

李兴钢仍旧含笑、轻声但固执地问下去：

"那您又为什么不喜欢毛石呢？"

面对这般绅士的追问，业主一时发作不得也沉默不成，终于悻悻地答道：

"因为毛石太过低廉！"

相关毛石的这一材料对话，我当时在场，却出人意料地忍住了我历来的知识癖——我所见到的北京周边有太多古老花园，从皇家的颐和园到圆明园甚至承德避暑山庄；从雍容的八大处到古老的大觉寺都多用毛石为墙垣；从计成的《园冶》到李渔的《闲情偶寄》，毛石似乎具备某种文人所喜爱的冰裂纹的高雅意味。

图128

图129

我知道——在那堵"景观墙"的"景观石"这一景观自明的材料里，既无"技术"也无"艺术"。我猜要不是场地需要土方回填，这一对毛石低廉的价格认识或者会让业主花钱将它们运到某个地方填埋起来，以免有碍观瞻；这一假设忽然唤起方拥教授在北大建筑学研究中心有次闲聊时抛给我们几位老师的问题——我们身处的干旱"海淀"，为什么却有着一个饱含水气的名字，这问题让我再次记起"清水会馆"的小田对市政管道提出的关于给排水的批评，并顺带让我联想起几年前北京的交通在一次暴雨中的那次瘫痪，我如今要问的是：

"那些在立交桥下淹没过汽车的雨水后来去了哪里？"

问题可以就此往下：

奥运期间所修建的那些有着多层地下空间的巨大挖掘量的土材料如今又去了哪里？

图130

还有，那些新近竣工或正在城市深处修建的地铁、南水北调的涵洞里所挖出的足以堆出十多座景山规模的土方又去了哪里？

从我所居住的西二旗到我所工作的北京大学，从轻轨往下随意一路浏览，我在这两三年里，总能看见四五处如小山规模的临时土方（图130、图131）。它们将来能被修成如"小山丛桂轩"旁的那座小山模样的正果么？

图131

而就在北大东门外，就在以拆除一片低矮巷院所置换的新建大楼旁，一座堆放得有些时日的土堆，如今已长满人高杂草，掺杂着些半大的灌木，甚至还有两三株原本种在拆迁前街巷院落里的老树半埋其间，从马路上看，它的山角还山剪出不远处的博雅塔的剪影，它已然具备计成所赞美的"俨然佳山"了（图132）。但是，一旦转过山脚，这土山却赫然被挖成罕见的壁立模样，这原本只是石材峭壁山才能具备的高超壁立。而我近来，老是看见一架掘土机停在这土壁一旁（图133）——我猜它或者也是要趁深夜将这座有模有样的山还原成材料本性的土，然后又被当作有碍观瞻的土材料，被装入花钱雇来的某种运输工具里，拉到北京以外某个匿名的地方处理了事，而这座我目前还能当作景物流连观望之山，迟早将消

图132

失在高楼之间。

将来呢？

我猜，为了一种绿化率，取代这山的将是一种不能踩踏而且耗水无量的几何草坪。当年，基于中西方园林的比较，童寯对这样景观性的几何草坪的评价是：

"对于具有中国文化智识的人而言，那只能对奶牛具备诱惑力。"

没有这样的智识，无论是已被当作稀缺资源才意识到其重要性的雨水，还是目前还被当作有碍观瞻的土，或者被当作先天廉价的石材，都将在这个技术时代里被秘密运走，异地处决。

而有了这一智识，同样三种简朴的材料，却正是中国山水的绝妙材料。几个世纪甚至千年以前，中国人就曾以它们经营出人间天堂西湖的天堂美景；几百年前，中国人甚至用紫禁城的垃圾也一样能堆出如今北京罕见的人造景山；一百年前，一些未名的匠人还能用一样的方式在北京大学内挖出未名湖的泥土，堆出湖心岛的雏形，最后用一般石材驳岸修边，它们共同构筑了国内大学最为独特的人文景致（图134）……

而在21世纪初，我刚来北大建筑学中心工作的时候，中心旁的一个圆明园时期的名为"禄岛"的荒岛，却成为周转垃圾的地方；而东门外原本可用以抵抗商业的那片小街小巷也正值拆迁，为避免拆迁下来的诸多品种的传统建材也被拆迁者当作废物处理，中心的方拥教授让工人拉回不少条石、青砖、青瓦、木料储存起来。

在随后的几年里，方拥教授带着学生先是将"禄岛"的垃圾一点点清理，然后又清理出因唐山地震倒塌了的老建筑基础，依照这些基础，并利用那些收集来的古旧建材，历时几年，终于复建了一个三合小院，它如今荷花四面，古树环合，优雅清静，罕有人至（图135）。就我的使用经验而言，这一小院对我的生活所具备的改观十分显著，自从今年我在西北角有了间单独的耳房用以办公，它总能将我从西二旗的空中公寓里诱惑出来，到这个三面围合的空庭里踱步，或坐到西厢房南侧

那条玻璃廊里备课或者读书。

就在今年初冬，寒风将我从庭院赶入我的耳房，但西厢房南墙上爬满的藤萝异常的红色，还是一再将我从静坐里勾引出来面壁观望，我老在想什么时候带来相机将这景物记录下来。下个星期，等我终于带来相机关照它们，两天之隔，"满墙红"却落英满地，而墙壁也显现出它青砖被枯藤纵横下的本来面目，对此我颇为失落，就又蹚入有老树当庭的三合小院，悬

图133

图134

山倾斜的屋顶却直接将我的目光拉向原本在它背后的一棵百年怪柳，老柳墨色而晕的枯干之间有个巨大的鸟巢，我曾在某些季节里听见过枝巢间的各种鸟鸣，而此刻，这空荡荡的鸟巢恍若古老的巢居建筑，它在一簇簇如水墨浓淡般的斜枝逸条间仿佛一团团被季节所晕开的墨痕，而树梢颠顶的那些细密分叉，或者是被阳光普照的原因，居然还有不少枯叶尽力地在寒风中簇成一丛丛枯黄色调，或是朝霞给了，又或是枝干的墨色映衬了它们近乎娇嫩的暖黄，它们模模糊糊的温润在纤细的枝桠顶端，如同一团团迷雾一样轻轻摇晃，然而，寒风还是将它们慢慢吹散零落，零散成一片一片，在空中坠落成之折模样，让我怦然心动，而它们孤黄零星地砸落在灰色的瓦陇间那如磬声响，也让我瞬间凝神，看它们和着阵风偶尔起伏，就着青瓦所铺就的斜坡，慢慢向庭间翻滚，停滞，终于慢慢滑向庭间中霤边际的瓦当边缘，然后悄然坠落在我身体周遭，砸在墁地的青砖与条石之上，发出最后的动静，然后就寂然伏地，一动不动。在那一刻，在那个空庭间，那半晃硕大而灰的斜瓦顶，却忽然彰显了它对外部景致散发出的一种出人意料的邀请消息——它不是如同我在"清水会馆"里用高墙来裁减墙外的青桐，这一硕大而倾斜屋顶的下泻当庭，似乎还要邀请柳树进入庭间成为真正的景致，致者——至也，而那些中庭内随风而至的些许落叶，或者正是柳树准备接受这邀请的羞涩试探，而所有这些轻微试探，在我身体周围所发出的那些细微响动，似乎是要就我曾忧虑重重的建筑赋形问题，吐露出轻如鱼吻，却意味深长的"互成性"形式秘密。

图 135

针对本书的对谈

范路：清华大学建筑学院

董豫赣：北京大学建筑学研究中心

1．关于建筑赋形

范路(以下简称范)：首先，我先简单说一下自己对这本书的理解。这本书主要围绕着一个线索展开，即建筑的赋形的问题，或者说是建筑设计方法的问题。不知道我的理解是否准确？

董豫赣(以下简称董)：基本就是这条赋形单线，只是前后的赋形方式有所差异。

范：您说过自己在接受建筑教育时候曾一度迷茫，于是试图从建筑学的基本问题出发进行探索。一开始，您选择了家具——一类与人最直接相关的物件，从其与建筑的结合点出发，讨论建筑的赋形问题。经过一段时间，您又转向了对中国园林的研究，试图寻找一种不同于西方建筑学的、当代中国的建筑设计方法。家具和园林在建筑尺度上差别很大，但在您的讨论中是并列的，同样启发您讨论建筑设计方法。是否它们都能体现您的一种生活态度，一种爱好？

董：其实是一个运气，尤其是过了十年以后再回想尤其如此，当时选择的那个家具起点从外部来讲是一个机缘巧合，比如说当时在单位，大家如果不忙的话，那个家具设计的活可能就轮不到我。我们那时候正在面临评估，需要把办公室重新条理一遍，好像又不太肯花钱，那就做一套家具设计吧。系里当初把做家具这活交给我，原本是一个外在于其他建筑项目的额外契机，我不认为这契机是超越了建筑或园林之上，但它给了一个西方建筑学给不了的东西，那就是身体。这是 2009 年 8 月将在我们隔壁那间教室举行"身体与建筑"研讨会的一期主题。在西方建筑学里面，身体是被抽象所抽离的，它先是被抽象为数据与比例，然后被用来控制整个建筑。这时它跟生活接触的具体身体就关系浅淡，而家具关心的正是具体的生活场景而不是建筑学的一类抽象指标，家具的这层生活关系对我来说太幸运了，因为转向园林以后，我发现它仍然试图描述生活的多种场

81

景，而且还变得有所诗意。有了这样的家具起点的铺垫，我从家具到园林的过渡才没给我造成过分痛苦的强行转折。

范：书中提到密斯和赖特都在设计中探讨过建筑与家具的结合。我想问一下西方现代建筑运动中，有没有像您一样的，一直坚持从家具入手控制整个建筑的设计师？这种方法有没有前人做过？

董：2000 年在日本书店闲逛时，坂茂的一本叫《家具建筑》的书的确让我触目惊心，因为我那时才做过一次"家具建筑"的展览。于是，我把那本书买回来，翻了翻我松了一口气，坂茂是拿家具来做建筑结构 —— 就如同他拿纸管做结构一样，依旧是建筑学在结构体系方面的置换，与我的家具起点是两条不同线索。

至于在西方有没有拿家具作为起点的，我还真没有找到过，但这似乎也不太重要，我那时候已经不相信独创性了，还觉得独创性是一个很讽刺的词。我更希望能起乎于别人之所止，当然这些别人需要是我信任的人，比如柯布、密斯、赖特这些人，起乎于他们所止的前提是他们也做了这样类似事，但做着做着就停了，又去做了别的事了。

第一，我认为既然他们做过一阵子，就证明这事值得做；

第二，他们没有接着往下做，我才可能将这件事接着往下做。

那时，张永和（或许是别人？）似乎给过我这样的信息，密斯的范斯沃斯住宅里的那些家具其实是焊着的，根本不能挪动位置。我后来还发现，赖特与密斯早期都有想把家具与建筑的壁龛结合的想法，这基本上提出了家具建筑化的可能，家具一旦固定在那里，那它就能变成建筑学语言了，家具建筑和家具的区分在我当时看来就是灵活性问题，我如今很迷恋古代人可以把家具拿出来拿进去的自由度，但这正是与当初我将家具建筑化相反的一类事，因为之前我的许多工作就是要把家具固定为建筑，它不可动才有可能讨论它的赋形问题，它才能回答我对自己提出的建筑学

问题——建筑将被赋予什么形？

范：密斯、柯布他们讨论过建筑与家具的结合，但又没有做得很极端，这是为什么？是否他们认为还有更基本的方法？

董：当时在清华读了一点书以后，我就不太相信比例是客观的，如果它不是客观的，它可能就只是一种文化选择，如果我不谈文化而只谈选择的话，我为什么不可以选择另外的建筑起点？起点的价值在我看来，就在于它能担保事情做得足够久，且能带来一个设计上的确定视野，而不必沦陷在整个建筑世界发生的各种方法、各种潮流、各种风格之间，对我而言，所有的风格起源都是有件事情做得足够久然后被呈现出来的样子，风格只是之后的别人总结。对一个自己的行动起点来讲，首先是选择做什么，然后是如何做得足够久。

范：那里面会不会有一些基本规律是基本性的，是人无法选择的呢？比如，现代建筑有不同于古典建筑的设计方法和空间体验，这些成为今天我们所有建筑师所要学习的内容。这些是超越文化选择之上的，是更为基础的。

董：如果现在问我这个问题的话，我会从容很多，因为我不再相信有什么能客观到超越文化选择之上的，比如弗莱彻画的那棵"建筑之树"上的树枝就是选择，在那棵树上，从树根往上的树枝分别是埃及、希腊、罗马、哥特，一直往上，有罗马复兴、希腊复兴、哥特复兴，上到最后，却非常古怪地变成美国了，最上面居然是美国！但在整个西方建筑史里，处于树干中间的哥特建筑，正好证明这棵建筑之树的夭折 —— 既然哥特建筑被文艺复兴认为是野蛮的，那么文艺复兴的建筑就不是哥特建筑超越选择的自然进化，而正是跨越了哥特而选择了罗马复兴的一次运动。

或许只有在法兰西建筑学院成立以后，其间的哥特式才被独立拿出来当作超越文化的结构理性进行建筑学内部的讨论，但从选择起点而言 —— 哥特或罗马似乎就不是基于建筑学的一个超越性的问题，而是意大利中心论

与法国中心论的两种文化交锋的不同选择；甚至，希腊复兴、罗马复兴、哥特复兴，它们都是文化选择的建筑结果，而不是建筑学自身自然进化的客观结果。在我看来，哥特建筑本身为什么选择巴西利卡而不是万神庙或罗马浴场——来发展为哥特教堂？如果将这看作是建筑学的内部机制——基督教教义——所进行的文化选择，这教会甲方的要求就已然与功能选择近似了。那我就不能将得自哥特建筑的结构理性，当成是超越任何文化之上的客观存在；巴西利卡确实更适合基督教堂的基本功能，但罗马万神庙也一样适合罗马的泛神论，这样，哥特教堂跟之前的罗马神庙之间存在的就也不像是进化关系，分别都是某一个功能选择的起点做得足够久而呈现出来的建筑后果。

我觉得那棵树只是西方进化论的复述，基本上它暗含了从低到高，越上面越好的判断，这种进化观点在建筑学上非常流行，也就意味着美国建筑比法国建筑好、哥特建筑一定比罗马好、罗马一定比希腊好这类奇特判断，这还额外导致当代建筑一定要指向未来，至少要获得当代价值的奇特焦虑。

奇怪的是，进化论总会伴随反过来的退化论说法——譬如认为清不如明、明不如宋……按照尼采的说法——那猴子在树上的东西就是最好的。可是，我觉得事实的发生或许不是这样子的，其实每个东西的背后总该有一个不能无限往下退下去或无限往上走的原型断面。所有起点总是需要选择与剖析。

范：早期现代建筑运用钢材、玻璃、混凝土等材料，我们现在也还在用这些材料。这些材料本身总有一些基本特性是我们无法超越的吧？

董：通过你这个问题，我想起了你刚才问的那个家具问题。我觉得选择家具建筑，确曾希望能给一个我不用怀疑的起点。比如说我做的一系列"家具建筑"的这些东西，至少表面看起来它已经与我无关了。假如我要造一个看幻

灯片的桌子，阳光从桌下边打过来，屋里是暗的，这个上面加一块毛玻璃就是亮的，从外面看这样的一个楔形就凹进去了。一旦墙面要成为一个家具的使用结果，它就已经具备家具的先天性模样。还比如"家具墙"里那张床，以及那把椅子斜着的靠背的倾斜关系对建筑所造成的外形的变化就是如此。

我那时可能只是在寻找某种确定性的东西，至于它是什么材料或技术造成的我不太在乎，包括你刚才说的现代建筑的材料问题，可能现代技术所发明的一些材料方法我们还在用，但我想这些东西不是根本性的，它的不根本在于——斯特林就发现柯布的萨伏伊别墅的墙体是砖砌的，为什么不是柯布宣称的混凝土？当时在施工的时候他为什么会选择看来传统的砌筑方式？在柯布那里，或许，拿什么材料来赋这个建筑之形，可能并没那么重要。我现在越来越不相信材料自身能决定什么，它仍然有待美学问题来选择——但这似乎是个更危险的说法，因为将美学当作形展开伪讨论实在太方便了。

那么，换个例子，比如路易·康，我在前面也谈到，他把现浇混凝土钢模板的点暴露出来，难道这仅仅是一个点的材料呈现吗？难道这是材料自身呈现出来的？如果材料自身呈现就让它呈现，建筑师就什么也不要做了。但这材料痕迹或许是当时的印象派的美学后果，印象派说笔触是很美的，笔触就是你在画的过程中被表现的，也就相当于施工过程中，如果没有一个大于在康之前的这一审美判断的话，材料的呈现仍然会有问题，它到底应当以什么方式呈现？只有他预测到这个东西会呈现美，他才会精心来制作它。

范：西方古代的砖石结构做不了大悬挑，角部也无法充分打开，而这些空间体验是现代建筑所独有的。难道这些空间体验对您认识世界没有根本影响？

董：它会有影响，但是这些影响是有选择的，比如，没有这样一个框架结构，古代的转角墙似乎是不能打开的。但是如果给了一个转角虚空的形象技术想象以后，我用砖

也可以叠涩出虚空转角，但我需要这么个虚空转角么？

现在我们常常会把技术发明本身当成一个先在性选择，好像只要我有发明，就很肯定有帮助。但是还需要问——帮助在哪？包括我们需不需要悬挑，以及为什么需要悬挑，如果没有这类判断，它就总是也只是个悬挑技术而已。

我最近看到一个报道，是说中央电视台就有个非常出奇的出挑玻璃地面，悬挑出去的大玻璃可以鸟瞰城市，我看到的报道就说许多使用者不敢往前走，因为感觉恐怖，但建筑师似乎不需要为此做一个非材料的判断，建筑师确实做了件之前没做过的事情。可是做了一件没做过的事情，它可能只需要勇气，而不需要建筑学判断，它可能既不好也不坏，它还没有被评价。

评价或许意味着在好莱坞山上盖的那个建筑，它能悬挑并隐匿在一片树林之上，能鸟瞰洛杉矶，那张照片还是蛮打动我的，我觉得那个悬挑有人与风景的关系意义，可是通常我看见的许多悬挑就是为了悬挑本身。我认为这会把建筑职业搞成特效职业，比如说我是一个甲方，如果这技术不能给我带来某些确定性的价值，悬挑就与我无关，可悬挑确实是很花钱的，在这一点上我与甲方是一致的，我们都会需要有一个确定的赋形的值。

范：某种程度上，新材料对业主的使用会有很大的帮助。比如在古代一个砖石的房子里，由于材料问题，开窗只能很小。而当人口大量膨胀，需要在一间屋子里装下更多人，这就需要在一间很小的屋子里开很大的窗，才能够获得基本的卫生条件。所以说，柯布西耶不是为了纯粹的表现。通过新建筑来改善现代生活，提高生活品质也是他的创作初衷。

董：一件事物自有其本身特点，混凝土、砖或者石头，但也同时就有不同的生活要求，如舒适、神圣或放松。

假设一件事情事先就能满足各种要求，这个事情往往是不可信的。比如柯布，我在《建筑物体》一文里曾引用过他的图，第一张图是古代建筑，因为是砖石只能开小窗，所以窗在房间里的阴影有很多层，离窗最近的最亮，然后次亮，里头是暗的，后来他非常乐观地把所有东西干掉以后，出现了另一张一大片玻璃的图纸，整个房间全是亮的。可问题是，生活里不只是全需要亮，后来他很快意识到这一点。他到里约热内卢以后发现阳光是有害的，它并非一个能被先天赋值的"亮"，比如说，我现在这间书房要真有一块亮丽的大玻璃，我用电脑就非常费劲。如果这间房里有许多层明暗，或许我更能确定不同生活的区域。譬如睡觉与看风景的要求就不能同时被"亮"满足，如果没有遇见具体的事情针对建筑的时候，单说技术的表现潜力倒是件太过容易的事。

当然，你刚才提出的那件确实是件具体的事情——一间小房子突然涌进很多人，但这是不是建筑学的一个常值？在一个被迫的情况下所有的东西自然都是有可能发生的。但"可能性"还需要在建筑学里被具体讨论并尽可能有一个价值判断，否则只是"可能性"的说法。

范：您认为建筑讨论都必须针对具体的问题？

董：难道不需要？如果要做一个——像你所说的要同时容纳十几个人的房间，而且他们还可能不是一家人，这个价值如何能引进建筑学范围内进行具体讨论？补充一个例子，是王军说过的，如今对北京四合院的老建筑评价正是它没有卫生技术条件且常常拥挤不堪，潜台词常常就是它不如那些具备技术条件的单家庭公寓，王军的问题是——如果你家的三室一厅的公寓里也没有卫生间并也挤进去三四家人，它的情况将会比老四合院的情况更好？这类从没涉及建筑学问题的问题，如今反而成为建筑师最津津乐道的虚问题。

建筑学不可能成为无视具体问题的公理。如果是，那我们都没有事情干了。可是我觉得现在的建筑学多半只剩下虚假公理与虚假问题了，我们都在复述一些伟大的人物的伟大的大话，但是却往往放弃了这个背景之后的大量工作。

范：这个观点我和您是比较一致的，我甚至认为其实不存在一个抽象的所谓建筑的概念，有时候一座房子跟另一座的差别，比一座房子和其他东西的差别要更大。

董：我老是想，如果建筑没有具体问题是不需要设计的，换句话说，不针对问题，所有的评价是失效的。第一步就是引进一个具体的问题，然后进行讨论。这本书引出的第一问题是——当我还是个学生开始想象建房子的时刻，我画的第一个房子为什么是这样的？就是这样一个简单的赋形问题，后来慢慢地在反复讨论中得到某种评价。

范：书中提到，有一个台湾建筑师评价您的"水边宅"，说您没有从立面或比例来考虑设计，但家具的出发点会使整个建筑展现出一种比例上的精确性。除此之外，您觉得家具建筑还有什么独特之处？您的作品和一般设计院建筑师的作品又有什么本质不同？

董：我觉得不是建筑特质，而是思考方法的差异，按理说它并不特殊，其特殊的思考在于，我不愿意把建筑当作一个无主称的抽象创造。我也不希望把设计院当作一个无主称的特殊类型。因为设计院也有各种人，各种人都在设计，能区别的在于每个人在针对类似设计任务时的态度与思考角度的差异，而不是区别一个设计院的设计师和一个学院派的建筑师的类型好坏，我甚至可以下这样一个或许武断的判断，任何一个大院校，包括清华、东南等的大学老师在做设计的时候，大部分跟设计院的设计师思考方式也没有太大区别。

区别应该在哪？我依旧希望它是一个思考问题的角度区别，而非单位的区别或任务的区别，我希望是针对建筑任务的仔细分析之后的敏感度的区别，不管从中寻找的起点是经济性的、功能性的或环境性的，它原本不会有一个固有的答案或固有的形在那被反复操练，我觉得这才是应该问的区别。

范：从过程来说，您选择这么做比一般建筑师更辛苦。

那这种方法及背后的辛苦给房子和使用者带来了更多的什么好处？

董：我很难把辛苦和更有意思的东西作为一个等价置换的东西，而愿意视它们为合而为一的事情的两面。是因为它有意思我才肯这么辛苦，而不是我知道它一定辛苦才假设它有意思。甲方需要一个更舒服更有效率的东西，他不在乎你辛不辛苦。但这不也正是一个服务行业能满足的一个基本度？不同专业人士对这个度的理解不一，可能你所说的区别与辛苦都在这。

说一个最近的例子，八年前我在交道口设计过一个房子，前几天下大雪，甲方突然给我打电话，说现在有一帮朋友在她家，一帮客人都在夸赞她的房子，所以突然想请我全家也过来体验一下。她说我当时和他们谈起的设计问题——七八年时间里一直断断续续在谈的东西，现在居住其间时，都在体会得失。我忽然想起在他们租来的那间书房里头，我当初所坚持要在最底端处开设一扇门这件事情，就在电话里问她此刻觉得有这个门好不好，她说住了两天以后就发觉，有那个门真的很好。

我不是要复述夸耀，而是以此讨论我如何能坚持开这个门，我需要的是对生活的理解力，而非关于门的形状的说服力，我现在甚至想不起那扇门的样子，我也确实不曾提供样子。

甲方要求的舒适原本是一个抽象的要求，但如果你没有能力帮她具体深入下去，你跟她的理解就是一样抽象的，那你为什么说你是一个专业建筑师？最后我们就会抱怨说，唉，建筑师只是个画图的，但如果你在建筑这个自己的专业理解得不比甲方深，你不就只是个画图的吗？

而我要谈的是为什么我会坚持那应该有个门，基于对中国园林的居游理解，一个位置死角就应该让它活，让它活就应该能通过，至少要让人能行走过去。其实要是谈对生活本身的理解，我甚至也说服不了她，我又没住过庭院住宅，干嘛一定坚持要设这扇门？而基于我对园林生活的理解，当然也基于我对甲方家庭生活的观察，他们好客也真正喜欢交朋友，他们夫妻俩会一家人一家人地邀请他们到家里来，如果能多设个门，能从那走到这到院子里，而不是在一个尽端式的院子里折返跑，那我就可以假设这是基于一个聚集多个家庭生活场景的便利装置，而不是基于某种门形的抽象爱好。

范：在一般的设计中，生活被抽象成条条框框的一些规则。而您努力做的这些工作，就是要把规则还原成真实的生活？

董：我觉得我还没有能力做这类还原的工作，可我确实觉得大部分建筑师现在都在抱怨两类乐此不疲的工作：

第一，一类会比较消极地说，我们就是生产性的，我们只是把一些常规性的和规范性的东西做成就完了，这自然无法触及活生生的生活；

第二，另外一种会比较亢奋地较劲说，你既然制定了这种规范，我就偏偏反你这规范，到头来这依旧是在与规范抗争，但常常也没精力关注具体生活。

这两种设计我都不太感兴趣，如果真要把建筑学变得跟生活无关的话，这个事不但无聊还很无趣，无趣才是我觉得的最大辛苦。

2．关于建筑与园林

范：通过研究园林，您发现它能带来一个不同于西方建筑学的设计起点。这两类起点最大的不同是什么？另一方面，甲方不需要知道您从什么地方出发，他只需要结果。那不同的方法会带来结果的不同吗？

董：会。

我也很反感建筑师跑去和甲方申诉自己的专业理念。我在园林里面得到的最大一个理论支撑就是"互成性"，我将它描述为互相成就。但我一般不会主动来和甲方谈我从中国园林那得到的这个建筑解。

我可能会分两部分来谈，一部分是我理解的中国园林，另一部分是我怎么用这层理解来跟甲方交流。这两者应该有某种内在的关系，但是并不需要被一样地表达。比如说我作为老师，针对学生和针对甲方所要讲的东西可能是不一样的，针对学生我会阐述清楚"互成性"的特性，既然它甚至会导致中国人关于分类的特殊性。

最近刚出版的一本书《思维的版图》，是美国某个大学的教授写的，他之前就完全不相信文化选择，他以前还写了本书叫《人类的推理》，他在这本书里就检讨过这个先前的想法，他说以前我认为我的推理就是超越人类文化的客观推理，而没有认识到它只是欧洲人的推理甚或只是美国某个具体的大学生的具体推理。直到碰到一个中国的留学生告诉他有这样的一个思维的文化差异，才改变了他的一生。后来他就花大量时间来调查东亚人和西方人的行为差异，关于中西方归类的方法差异，他举的那个例子就非常好，他拿了三张照片给中国的小孩和美国的小孩看——牛、狗、草，并让他们分类。美国儿童的分类就类似现在我们建筑学里的类型学方法，牛和狗肯定是一类的，既然它们都是动物，它们都有一个"物体性"属性；而中国小孩则把牛和草分为一类，因为牛吃草，他们关系事物的"关系性"范畴。

如果西方的分类真是"实体性"的，也就能帮助我们理解建筑学里的"本体性"或"内在性"，这一切都能担保物体独立的"实体性"；而对中国而言，分类单元首先就应是一对关系单元，就像计成谈到"掇山"的分类时，是"厅山、楼山、书房山"，基本单元就是不同建筑加山的复合关系，一定要加个别样东西才能媾和一对关系单元。后来我在庄子那里找到了一个词叫作"势"，这个"势"正是一个东西加一个有一定差异东西的结果，它们之间就构成了"互成性"关系。

比如这有个房子，那有棵树，这里开了一个窗，这个窗自明性的形状考究不是中国园林太关心的问题，它需要关心那棵树与这里的窗之间的关系，那好，因为有那棵树，这个窗应该改变一下自身的形。当然也可以反过来，因为我在这里开了一个窗，我就需要在外面种一棵树或别的什么，我把这种经营叫作"互成性"，以区别单独考虑窗本身比例的正统建筑学考量，这些都是我可以与学生讨论的范围。

由此反过来，我用这理解也可以与甲方讨论他关心的问题。一次在北京与一位开发商谈，他开发的一个庄园项目里有很大一片水，我问庄园里哪块公寓卖得最贵，他说当然是临水这块，临水的房子要比其他房子的房价贵三分之一，既然这两处房子一模一样，那么它们之间的价值差异似乎正在于建筑与景物之间"它加它"这层"势"的关系里。

这时我就会在脑海里以建筑学的思考来改观这设计，如果这个机会给我的话，我就不会再把其他宅前景观当作配景，我们就可以把某些消极的东西，比如说绿化率，或者日照间距，都可以把它们经营成园林类似的配对关系，而不应该是分离的。如果仅仅在这块日照间距中间种上草坪或其他什么奇特造型的话，它就很难和房子发生一种配对关系，它就不能为房子赋值，但将环境看作建筑事后的配景处理，却正是基于建筑学本体论之后的正统结果，一如"配景"这个词在建筑学内部的从属地位一样。

我觉得以此说服甲方并非特别困难，我到目前为止也还没发现太大障碍。为什么？因为这个事情你是可以让他算账的，而这个账也正好是他关心的问题。他不关心你的建筑学做得深刻与否，可我的问题在于，如果我也不具备理解的深刻，如果没有大量研究与实践来支撑的话，我当然可以告诉他你可以照谁照谁的一个水池做个形状交代，但结果到底是一处可人的景物关系还只是个景观蓄水池，就还是悬而未决的专业问题，结果往往会变成无关专业的点子。

这里才是你刚一直认为的那种辛苦，当然思考也很辛苦，但它能让我做得很踏实。

第一，你认可了这是一个服务行业；

第二，服务行业自有其高尚之处，至少需要有专业的过人之处。

范："互成性"在您的理解中是一个核心概念。是否按照"互成性"，任何两个东西都可以发生关系？在这其中，我们有选择的标准吗？

董：有，如果没有标准，造园就变成任意解释之事了。我慢慢发现这个标准在中国或许就是"繁殖"。想想老子那一章，如今看来有多么色情——"将欲歙之，必故张之；将欲弱之，必故强之；将欲废之，必故兴之；将欲取之，必故与之"——你想把对方给废掉就先让他强壮起来，这堆词其实描述的不止是性而是有效的性关系。

"繁殖"是一个与创造力密切相关的古老价值依据，它能诠释中国艺术为什么老想描述处于改变的那一动变时刻。这也是当时李泽厚认为中国人写东西不具体的原因，不具体是因为中国艺术不会像西方那样按"实体"范畴分类，比如这棵树是一个独立的物体，大百科全书可以搞清楚它是什么样的，但一旦进行关系考量，就需要追问有什么东西能与它匹配媾和。

它们之间能否发生一种色情关系？

这个诱惑关系，在古代有个词叫"风"，所以中国诗歌打头的就是"风、雅、颂"里的"风"，而诗人就叫作"骚人"，"风骚"的"骚"，我猜这"风骚"或许就是相关繁殖的古老的情色民歌。

而在基督教里面承认的相关繁殖或创造却——上帝创造亚当的时候是没有母本的，他是父本独立的创造。所以后来就有个非常糟糕的词叫"独创性"正在广泛传播。它在密斯那句关于现代建筑形式的话里得到宗教延续——现代建筑不能是过去的，也不能是将来的，它是独创的。

但它也就此在中国是鳏寡孤独的，在中国，人们相信的不是独立的上帝在创世纪，整个天地的创生都是阴阳都是男女一块往下创造出来的生生不息的世界，所以世界是"合创性"而非"独创性"的结果。"合"也就意味着需要选择一个东西与之媾和，这一对还得是可以媾和的，是能往下生出、生成东西的。

我不知道我这样解释中国艺术的"互成性"标准是否

清楚？

范：我可以理解，所以说爱情片永远是最有市场的。

董：爱情正好在这个色情转变当口。其实后来我特别能理解，中国人为什么总会问，你能画出来这个人的形，能画出来水的声音吗？他总会问这类具有科学挑战性的问题，中国古代会把什么叫作特征？不是说这棵树区别于非树的东西，而是它呈现出它"性征"的那一动变特征，也就是发情期的"风骚"性征。

范：是不是一个东西和它的相对物发生关联时，它的本性暴露最充分？就像男人遇到女人时？

董：所以叫"相反相成"嘛，没有面对女人的时候，男性特征不能也不必被自明性地体现出来的。

在中国，譬如"善－恶"这对关系，在伏羲女娲的交尾图里，被以纠缠的两条蛇的媾形表现得非常生动。我最近发现至少有三种文化都与这蛇有关，后来他（笔录者）还告诉我墨西哥文化也与蛇有关。我在吴哥窟的浮雕上发现印度宗教里也是两条蛇，一条蛇代表善，一条蛇代表恶，但这两条蛇永远处于一种拔河状态，善和恶之间还有一个角力；而在西方的创世纪神话里面，这边是一条蛇，那边是一个唯一的上帝，上帝创造了一个男人，这个男人又创造了一个女人，男人和女人受到蛇的诱惑想自行创造就变坏了，所以上帝所代表的善与蛇代表的恶并不拔河，而是善恶背反对立了，人要么从善要么从恶，这就跟中国那幅交尾图图解的意思很不一样。

在中国女娲和伏羲两条蛇交尾的图式里，善恶是不被事先判断的，老子就说"善恶相形"——举例说，火给你烧饭就是好的，而在烧你时就恶了。

中国山水的"位置经营"，就试图经营某种相生状态，就像你刚才提到的，如果没有一个男的和一个女的这种匹配关系的时候，判断这个男的好不好或者坏不坏，"这个人长得真帅，真有钱"之类的独立判断，在中国古代估计没什么特别价值，中国人更愿意讨论将谁配他更合适。

范：按照这个思路，我在清水会馆的庭院和园林部分感觉到一种矛盾。院落是非常几何性的，而树是非常自然的形态，这两者好像有点冲突。在中国传统的四合院中，房子的屋顶都是斜坡的，屋顶还有高低错落，院落中一棵树长上去与高低错落的房子关系融洽。而在清水会馆中，树在院落里面待着很紧张。院落的几何性很强（特别是狭小的院落），对自由的树形会带来很强的压制感。还有，您强调建筑与景之间有一种风情的关系。但是在园林的处理上，您好像反过来的，让每个元素独立存在。比如水挖出来就是水，剩下的只要求是个小岛，山就用土去堆，堆成什么样也不太去苛求。所以，我很难感受到什么强烈的风情关系。

董：这感觉太正常了，其实我在书里已经说了这部分，毕竟我到现在才慢慢理清这个事情。我根本不敢狂妄地说，我能在自己弄清楚之前，就先在性地把它神秘地带进去了。可是，如果不做这件事情，我会不会这么快就搞清楚这件事情，估计非常难，从纯理论，我不相信我能被逼到这一步。所以在这里，我不是来解释庭院和园子的好坏关系，而是我在这个思辨的过程里的一个程序就是——实践－理论、理论－实践。

至于清水会馆，我可能纠正的一点就是，其实几何不几何并不是中国园林里的一个重要的事情，我不认为庭院和园子的区别是几何与非几何的——即便是园林建筑，其几何特征也一样明确，而是差异之间的关系区别。比如你刚才说的院子它很狭窄的时候，它就恰恰不能同时开阔。而在中国，狭窄本身单独是不能自明的，它恰恰需要狭阔来媾和"互成性"关系，如果穿过这狭小的院子，突然到达那个"青桐大院"，它就缔结了过去所说的男女这层阴阳关系，于是，要点就在处理转折关系的设计上。

以前我们一直认为中国所说的"传神"最早是来源于人物画的，这不错，就是顾恺之，但顾恺之说"传神"，似乎仅仅被解释为给别人画了三根特征性胡子，最近我读了他的一点言论才发现，他在评价人物画的得失时，所用标准仍然还是长短、大小、狭阔、浅深这层层关系，他认为这些关系有丝毫闪失就失去"传神"。

我认为园林比建筑学更难学正在于此，我需要知道一对关系而不是其间的一个单体，工作量就加倍了。

我招他读研究生（注：笔录者）的最大欣慰是他懂树，他缺的只是建筑学这一半，可是他已有他的一半强项了。在我现在看来，清水会馆后边那个园子，我开春以来一直在做，我在书里也写了，它之所以还不能构成"互成性"的媾和关系，或风情或色情的关系，起先可以说因为我没有这个条件——当时突然就停了，原本造山造景是为了跟建筑发生关系——先造这个景物，然后再在旁边盖房子，突然这半儿房子都没得盖的时候，情形好比你原本想当一个媒婆，说服一男一女繁衍后代，突然塞给你一个男的以后，这个事就没了。

当然也可以说那时我还没这个媾和能力，但即便在这个时刻，它仍然有一个你说的关于自在性的问题，尽管这个自在性跟西方的自明性有点像，差距在目的——我要拿它来干什么。比如中国人说的自在性就在于——这是老天做的，不是我做的，它当然好啊。但是什么叫老天，老天就是我没有拿意志去控制它，就他俩自己好上的，最理想的媒婆是他们俩都不知道我，可是没有我他们俩又不可能，最理想的媒婆就是天意，那我觉得那池水的天意就在于施工方想挖沙，大概挖出那个形，这就是过去所说的"听之不问"，听之不问以后如果不收拾的话，这仍然不是中国人的一个媾和方式，最终需要有人工的收拾，但鉴赏者不会看到我是怎么收拾的。

关于这层收拾工作，我说过不准备在这本书里谈，我为什么不谈它，我觉得我这书既然叫作"从……到……"，这是我们当初就定的名字，到了园林这里，其实又变了一个新"从"起点，我现在会把它当作另一个起点，将来写书有可能是"从"园林"到"什么，当然那个"什么"我现在不知道，可是我知道在这个以"家具"起点的书里我也不会来谈这个。

范：在江南园林里，树和建筑是同时考虑进去的，然后相互调整。但在清水会馆中，您是建筑先有，再选择种树。

董：同时布局最理想，但你要知道这也只能是个理想，计成也会面临这个问题。在他所相的"城市地"里，就根本没有老树，没有山，也没有水，所以我觉得"互成性"里的"同时性"，只是暗含了一个理想，而不是决定性的操作判断。至于是先盖房子还是先种树，这个不决定园林价值，真正决定价值的是你对它们之间的关系把握。

这不意味着，在一块平地上就没法造园子。当然在"清水会馆"里，我仍然承认李兴钢说的，在里面真正能体现意境处的真的不多，而我最理想的还是那个"槐序"，正是在那里，我根本不在乎是先把墙砌起来再种龙爪槐，还是程序相反，但我想表达的意图真的做到了。我觉得我在书里写的内容还算坦诚，比如那个"青桐大院"，我内心根本不认为中国园林就不应该有仪式性的处理，否则苏州园林里为什么会有那么多气势恢宏的大堂，正因为有那些大东西或小东西，你可以说它显得雄伟或可爱，就因为有仪式的恢宏，才有小可的曲折奥秘。

3．关于整体性
（从几何形、功能和材料方面）

范：您从生活的片段出发进行设计，那如何赋予房子一种整体性？我的前提是，不管建筑师从片段出发还是从整体出发，使用者看到这个房子的时候，它必然是一个有限的整体。比如说人们走进这个院子，他会希望这个院子是一个整体，有一种整体的氛围。

董：这个我还真没有办法给你一个预先的答案，既然这是一个服务行业——计成的甲方郑元勋所说的——"造园有'异宜'"，其间就有甲方的人这层"异"，于是"无成法"就是正常的事。我至今还坚持认为每个甲方的独立差异性。如果他不提出这样一个前提性的差异起点让我揣摩的话，我觉得我给出任何一个先在性的答案都很可疑。所以我期望锻炼的是我应变问题的一个能力，而不是我针对一个问题给出一个固有答案的能力。

范：我说得再具体一点吧。尽管您没提及，但我会发现您的设计中都有一种很强的统一手法。您经常使用几何性很强的元素。这点在您的家具建筑里从一开始就有。家具往往是跟人体有关的，它其实是特别需要非几何性，因为人的身体是非几何的，而人要使用它。但是您设计的家具和家具建筑都是方方正正的，连一条斜线都没有，例如您在一面墙上的 16 件家具。这是否是潜在地受到您早年建筑学教育的影响？

董：对，我纠正一点。其实那堵"家具墙"上有四条斜线，那个床，以及椅子的靠背。如果这么算它就有两个斜面了。有斜线，但是建筑学的影响在哪呢，我当时的核心是建筑，家具是为了给建筑找一个形，所以对于建筑过去一个习惯的方法基本上是几何形，可能对，其实你看我喜欢的这些人——都是很几何的。不管是安藤到路易·康、柯布，还有我现在最喜欢的卒姆托，基本上就是把几何形往死里整。

当然对于家具的一些舒适性讨论，我觉得在那个时候真没想那么细。那时候还是把身体当家具建筑的一个由头。我现在可能会慢慢关注身体感官，包括这回我做的清水会馆后头那个园子，我试图拿绳子在空心砖之间绑出舒适靠背这些做法，就是这种细微的变化，我如今也没想过到底是什么时候开始转向的。可是至今我也不认为曲线本身多么有身体说服力。就包括中国的古典家具，我也是帮清水会馆的业主摆家具的时候，才开始思考这类事情。

他买了那么多明清家具的仿制品，我当时基于蛇绳后遗症这么想过——作为一个建筑师，我给他做一个房子，里头的生活陈设应该由他来管，我不能再过度介入了，可是他极度信任我，他甚至会问我买什么样的拖鞋配他的这幢房子，这多么像路易·康批判过的那种甲方？可是对我而言

我不能批判，正因为甲方都是非常具体的差异个人，他才不能也不需要成为某类建筑学内部要求的抽象人。既然他有这种需求我应该告诉他答案，我之所以不告诉他是因为我知识量不够。比如说他买明清家具，这个不是我能控制的，我只是服务方啊。我唯一应做的事是能建议买什么样的合适，可是当时我不知道。他自己就购置了许多搁在房子里头，可能我是个建筑师我还能感觉到他有些地方搁得不合适，我才回去查一点书，查了书以后我才大概知道那些东西搁在哪里是合适的。

所以我们认为舒服本身就是一个相关文化的价值判断。在中国古典家具里就有一个重要的功能是——有些椅子你坐上去是不能够有随便姿势的。像柯布能做一个这样的躺椅让女人躺，这个在女权主义运动之前就是很难想象的，怎么可能让一个女性穿着裙子横陈在客厅的柯布躺椅上？所以这才是有具体生活背景的时代问题——而非抽象的时代观念，时代原本有非常具体的在生活方方面面的改变，然后你针对它做出一些建筑学的反应。

范：在设计中，您常常把每个局部、每个生活场景串联起来构成整体。其间，您是用功能作为线索。但您说的功能比较可疑，它们都不是生活必需的，而是灵活的、精神层面的要求。比如早期的家具建筑是一些个性化生活非常强的房子，清水会馆也不是普通意义上的住宅。这与医院里头的服务流线或者公寓住宅里的一些基本需要不同。所以，您说的功能不是人类生存最基本的功能，而是额外的主观选择，它们不具有社会的普遍性。

董：只谈基本生存，就无需建筑师这个行业，就好比把结构理性追溯到原始的棚屋的时候，虽然有趣，但建筑师在哪？我也不能假定一个没有精神需要的业主。就算再穷的人也有精神需要，可建筑师不可能职业遭遇一个太穷的人，这是这个职业的设计条件，因为你要靠甲方吃饭。请你做职业设计的人不可能是赤贫的，只要你给他一个面积就够

了，那除此之外是什么呢？不就剩下这一层吗。

我现在觉得这个例子甚至也还不太合适，比如说，我给四川的灾民设计房子，但是你也不能说灾民就不需要这层精神。肯不肯给赤贫人免费设计建筑是个道德问题，而非专业问题，专业问题依旧是——能否设计出好的建筑。难道在地震中倒塌的那些建筑，不都是被设计过的？至于道德结果如何，似乎还需要仰仗专业能力。而我也不准备同意你把某种基本功能归为不需要精神功能的类别里，因为，这里有多少能分开的地方？

范：清水会馆的设计起点是甲方不想在客厅用加湿器，所以您在客厅东南设置了游泳池，然后引水绕过水院等，最后形成整体。在我看来，这个过程是很偶然的，是非常个人化的。

董：这个"个人化"，正是我不太信任"个人化"所引发。如果我把我的个人意图讲给甲方听的话，我的力量肯定小于他，所以我在里面引用的例子是计成的"坐雨观泉"。水能被使用者看见，因为游泳池不是我定的，也是甲方要求的，你只要告诉他一件事情，那就是游泳池的水排出排进都可以被人看见。他当然高兴，因为这是他的房子，他也希望能看见一些东西。

但同时还要谨慎的就是你说的那件事，他买加湿器原本确实更便宜。但是，第一，他不允许用；第二，这个水排出来的时候我能顺带为他做些相关加湿工作，但这确实很花钱。但是，房子本身是要排水的，排水沟这个东西在民居里基本上都有。由此我并没有增加多少事情，我只是把这件事情和那件事情连接成某种媾和关系，它构成了一个你可能不认为它是一个功能必需的关系，因为功能必需也就意味着有一个功能必需的现存的规范办法。

比如：下水我就排到下水管道，你也看不见，但这只是对功能僵化的一个答案。可如果第一，排水是一个功能吧？第二，我院里需要一个排水沟吗？这也需要，对吧？可如果

我都在功能规范前提下还能做一些事情是功能之外的，比如某种满足的话，我觉得这本身就值得建筑学追求。我从来没把功能理解为一个答案。

前两天有人跟我说她在宋庄买了块地，想盖房子。她说她特别痛恨落水管，我说我也痛恨呀，她说那你告诉我怎么办，我说你看中国古代建筑有落水管吗？她说对啊，真的没有。只是现在落水管变成了某种好像大家都认为是功能必需的答案，这个工作最后就会变成怎么把这个落水管刷成一个独特颜色的色事，可是对我来说它不是功能的一个形式问题而是功能的一个形状答案。功能的形状答案我以为没有什么思考价值，功能原本能对我提问，我觉得建筑师针对同一个问题原本就可以提交不同的答案，在这些答案里才可以判断好坏。

范：但共同的是，无论您纸上的家具建筑还是实际盖起来的清水会馆，它们都是社会的奢侈品，所以它们的功能是达到一定生活水平之后才能追求的东西。这些和医院、商场或者四川地震灾后重建的住宅对功能的要求是完全不同的。

董：这个逻辑特别容易得到，因此这种逻辑也就特别可疑。可疑之处就在于，比如说一个公寓，它是给大部分人用的。可是柯里亚做的那个公寓该有多好？比如说它有空中院子，两层通高，我甚至有可能种棵高树在院子里。当你对生活有某种追求时根本不影响你满足基本问题。因为基本问题并不是我放弃考虑的地方，基本问题往往才是最需要考虑的。但是如果你认为所有这些思考都不适合基本问题，那是否意味着基本功能就有某个现成答案？这才是思维最可怕的一面。

范：但是您的作品目前还没有涉及最基本的功能，所以我会担心，您的许多设计亮点一旦面临基本功能就会全都没有了。因为您从来没有遇到这种困境，而被困难逼迫到绝境上的创作才更有力量。

董：对，你说的是某种思考能提供的解决问题有适应

范围的问题，但我从不认为我在做一个特殊建筑。我觉得建筑师从理论上说可以什么活都接。但反过来问，难道设计院或大学接不来类似"清水会馆"这种别墅型的任务？大量也都在接对吧？甚至还有根本就在非常好的风景里做别墅的机会。你如果说我没有遇到更基本的功能的话，是我没有把它写进去，在这本书最后我就谈到东莞，跟李兴钢、朱涛接到的非常普通的连排别墅项目。如果你还说它不基本，我们当然还可以接着往下讨论什么是基本。在那里，我仍然能也坚持要在里面做园子，而且我仍然能做得很高兴，即便甲方不让我砌墙。还是那句话，你把你逼到这步还能做的话，我认为再逼下去就还能做。我认为决定设计质量的是解决问题的方法而不是一个初始条件的刻意选择。

我试图尽量不在职业内部谈职业之外的事情——比如说农民自己都会盖房子，还要我们干什么？如果一定要以专业说对此有所改善的地方的话，那也就证明只要是建筑师接的活他一定有可能改善，而不是说在某一类所接的活里它就根本没可能。

范：我看到西方早期现代主义的许多建筑师都去做廉价住宅。我理解他们这么做是对建筑学最基本问题的思考。他们会去探索极限住宅，主动把自己逼到极限的状况。面对极限时，人会对生活的理解更加深刻。这对建筑师的提高是一种挑战，也是一种锻炼。

董：对，我觉得用"极限"这个词比较好，而不是说极贫或者极富什么的。因为极限我认为是所有行当对自己智商的挑战，包括柯布、阿尔托他们都做一些这样的工作。在最小的问题之下，你要提供一些非常办法。但这里头讨论的还是你在一个极端的情况下，怎么找一个确定性办法。而到最后我们所说的大部分建筑师都在做这件事情的时候，只是在说一个选择情况。

比如说，像库哈斯所说的，好像张永和也重复了，就是：建筑学的核心就是谈判。但谈判只是把事谈下来只是一个

前提，我以为能不能把谈下来的任务做好才是建筑学的核心问题。换句话说，我们都来做这个，极低造价也好，极小面积也好，仍然能判断出来好坏，这是建筑学的核心价值，而不是谈不谈得下来的技巧或做不做它的立场问题，做不做它的问题只是个道德问题。

是不是一个建筑师要做好所有的事情？我从不相信这个，我觉得谁说这个都在吹先锋的牛。我们只要有机会自然应该把它做好，能不能做好是需要专业能力的，但承诺做好所有的建筑却是可笑的。于是，我不愿意谈做什么的立场问题也不夸口全能。我倒愿意做西扎那种低造价住宅，有小院子呀！我甚至一直也想做一些高层公寓或什么的，我曾跟那个我给他做60平方米园子的朋友请求过，你能不能给幢别人设计好的公寓，已经报批了，但是还没有施工的任务，你交给我，我来帮你改。其实我相信以我现在对生活的理解完全可以修改那些基本的东西，已经有个既定条件了，我仍然能比你做得好，我如今有这个自信，我可能也会固执地想在这类高层公寓的普通户型里头做园子。

我现在交给他（笔录者）的任务就与此有关，我给他的毕业论文题目叫《房中树》，其实这正是我在中国园林里思考过的一些事情——能不能在房子里种树？我不认为一定要在院子里头或特殊项目里才能种树。我觉得再穷的家庭，既然在中国老百姓家里百分之八十的人都会在自家公寓或别的廉租房的窗前摆盆景，这又跟基本居住状况有什么关系？你不能说他在那盆景里就不追求精神。它们并非奢侈品，但它们也不是功能必需，对吧？如果老是在那摆盆景的话，它是不是构成了业主的某种需要，这是不是一个非常重要的设计起点？如果是个起点的话，建筑师是不是应该努力地去做？我也不认为你能接下这活就一定能把它做好，而是看有无足够准备。

范：清水会馆还有一个很强的特点，就是它用了同一种材料——砖。您觉得同一种材料对于清水会馆整体性格

或者整体面貌的形成有多大作用？

董：我没想过这个，因为我习惯这么工作，可能我最早读——我忘了是沈克宁还是谁翻译的"纽约五"他们当时的工作情况，当时这五个人都很年轻，他们怕自己的智商不够，或者怕精力不够集中，所以他们把一切东西先都排除了，不谈材料，不谈结构，只用白卡纸做研究。

对我而言的启示就是在做一件事情的时候，最好把一些复杂的条件简化为少量问题，去做你关心的事。但被你简化了的东西，它往往反而变成一个单一得类似白卡纸似的东西，它反而会变成格外引人注目的视觉东西。

其实我现在相信对安藤来说清水混凝土只是一个一劳永逸的技术问题。他已经不需要每一次都讨论这个材料该怎么做。他解决了这个问题之后，他才知道要把最多的精力放到一些且少量的最想干的事上。对我来说这一定不是我最想干的事，至于它所导致的整体性也好或者是单调性、单一性或者简洁性，真的不是我的关注点。

范：但材料是建筑里面很实实在在而且很重要的东西。您选择一种材料，它本身就不可避免地成为一种表现主体了。您用砖来砌，就必然会想很多的砌砖方式。砖也就不可能不表现，因为它是剩下其他东西的载体了。

董：想象一下，建筑学的问题有多少种？就材料来说，即便材料做得再糟糕，它也会表现自己糟糕的一面。但这只是个表现的事实。建筑学里有很多事实，比如你需要结构，你需要水暖电，可是一个建筑师不能在所有层面上在一个建筑里，一次性把这些事全聚焦，这会眼花。譬如人们会关注我将"清水会馆"里的管线隐藏得非常好的技术问题，但我从没试图像蓬皮杜艺术中心那样聚焦于它，如同砖一样，我也需要精心处理它但未必一定聚焦它。

范：您的前提是因为用砖了，这样您可以把更多精力聚焦在对空间或者对生活场景的关注上。但实际上，您砖用得不是那么随意，而是很精细的。你一直在控制砖，这种控制占了您很大精力。如果别人就用框架做，让工人随便填砖，那可能根本就不需要画那么多节点，他能花更多时间去研究空间，岂不是更好？

董：其实在臧峰对祝贺的采访文章里已经交代得非常清楚。用红砖这件事情根本就是甲方见我之前定下来的事。当然清水会馆的甲方跟祝贺还不太一样的地方就是他对红砖有迷恋。他现在才慢慢接受一些改变了，包括我原来中间的走廊上头画的是方钢栏杆，第一轮图上全是这么做的，他受不了，他说哪都用砖，为什么这块出来的却是金属栏杆？包括那个九孔桥中间的凹口，我原来想做一个钢架防盗的，那边种上荆棘类植物爬过来，但他当时也受不了钢架材料。这里有多少东西是我能决定的？我只是在想，甲方决定的东西，我把它做好！这是一个服务行业最基本的一个德行，既然他喜欢砖，那我就得把这个砖做好。至于你说我对砖的讲究，恐怕也在这个层面上。

最近我仍然还这么干，我对我的学生要求就是：第一，不要去质疑甲方提出的设计前提。因为这不是一个服务行业应该干的——比如说别人要盖一个大房子，你说你为什么不能住一个小房子？而是说甲方要你盖一个大房子，他不会盖，你会盖，这是第一层。第二，这个大房子到底怎样才好，他不知道，你知道，你帮他搞出来。

像我们这次开始做的清水会馆后头的园子，我最开始就拿几个材料给甲方讲：你挑哪一个？我不提我的倾向性，当然他会问我你为什么拿的是这几种材料而不是别的几种。我也不可能拿无限的材料，我觉得建筑师不可能回答相关无限的哲学问题，那我就会讲，为什么是这个，为什么是那个。但我不会在这里面下最终判断。我老觉得基础性的条件应该是甲方来确定，然后有了这个确定性问题以后，我做完了比他想象中要好，才是建筑师的本分。比如他这回挑了水泥空心砌块。我说行，就是它吧。我所有的造园工作是从这个时候才开始的。当然我肯定要把它做好，它是我这次造园的材料条件，但却并非造园的必需条件。给我木头或毛石，我也能尝试造造。

范：但是非要那么极端，把它做成百分之百全砖的吗？

董：极限的东西正是业主才可以追逐的事情。地面以及天花的图纸时候，我已经想放弃那个砖天花板、砖地板，我不知道为什么那个老高会跑去做实验。我不知道是不是这个甲方偷偷找了他，最后他不同意放弃。好，天花做完了，我有一次拍照片，基本分不出上下啦，我就跟他讲咱们地面能不能做成毛石的，或者做青石板的，他也不同意。每个甲方都是非常不一样的，如果不承认这点，我认为所有判断都是失效的。

你想我的这个工地上的两个甲方——他跟老祝两个铁哥们，但他们俩人性格完全不一样。他对那个砖的坚持到后来让我吃惊，他老说，你不敢，到最后我帮你把关。房子毕竟是他的，如果说他要同意铺青砖的话，或者同意铺青石的话，我的问题就变成青石青砖怎么跟红砖交接了，你要是去看了交道口我设计的那个小院里的房子，你会发现我甚至没有什么太强的个人意识。

那个甲方的太太跟我太太说，她说我们家丁斌喜欢跟你老公打交道而不是别的建筑师，就在于董老师是来帮我们出主意的人，而不是像他们接触的其他设计师一样，他们都先有一个建筑师的强大概念，然后想把这个想法拿来说服我们。

我盖起来的这四个房子，有哪个房子是一样的？如果没有一个房子是一样的话，证明我在里面扮演的角色只是顾问型的。在老祝的"祝宅"里，材料是混杂的；而"水边宅"天花则全是清水混凝土顶，地面也是清水混凝土；现在交道口这个房子我甚至觉得有点后悔我有点过于没有坚持了，就包括他那堵刷出两种颜色的墙，他后来告诉我他也不喜欢，但是他也可能是急于想住进去，也就算了。如果我当时态度坚决一点，可能会好一点。

范：关于整体性，我还有一点想说。我觉得不管建筑师还是甲方，他一旦圈一块地，必然会让自己的权利和意志体现到这块领地的每一个角落。这是我对整体性的理解，它或许是人类的一种本能需要。动物会在自己的领地内撒尿，我觉得人也是一样，当然人会用更高级的方式。我关注的是，怎样通过建筑学的方式获得整体性。所以我从清水会馆看到的几何性、功能串联和同一材料三方面来问您。

董：我觉得在这里头它有可能是某种生活要求，而不是建筑形的要求，形随之而来。你比如像眼前这个小院，关于它的同一性，我们可以问一个问题，它为什么是这样一个栅栏。很多人都在这里给我提过这样一个问题，因为当时这个栅栏曾交给我设计过，我带着学生做的设计是一个可推拉的砖门，就是苏州那种做法，拿薄的大青砖固定在轻钢龙骨上面，就基本上跟这个山墙在材料上比较统一。而方老师做的这个，我猜测的统一性考虑则是——那边是我们中心，这边开敞，那边可以看着这边，或者这边可以望过去。对同样一个统一性的问题，它可能会有如此不同的设计，然后才有形的评价问题。

在"清水会馆"里头我最犹豫的是，包括我最近一次见甲方，也就是一个月前，我还在问他，你这个房子到底打算怎么用它。很多建筑师都问过我这个问题，我说我也不知道。我唯一知道的是很多年前他第一次告诉我的事情，他告诉我：第一，他小时候生活在一个大院里头，一大家人在里头生活，他希望复现这些生活；第二，他说他喜欢交朋友，后来我发现好像不太像；第三，他说他这个房子要在将来他退休时候用，他希望有一堆朋友自己在里头玩，他不需要去管他们，各玩各的。

在我当日脑子的想象里，就是这类院落生活的场景，就是一堆人在里头走来走去，各有各的去向与各自的路线。这个我满脑子想得最多的问题，就给我提供了一个慢慢明晰的设计前提，恐怕这个房子有些建筑师一眼看过去是一堆砖，可是我相信很多人更大的感受是它可以走来走去，而且甚至会迷路。这恰恰是他当初给我的任务书要求的意向，至少我是这么理解的。而我觉得我做到了，这我很自豪。

如今反省，我不满意我对屋顶平台的处置，当时没有把它经营成某种可居的处所。比如说我没有想到在上面种棵树什么的，或者把某些墙垒起来，再经营成空中院子，现在它就只是个可走的地方了。

　　这样也好，如果我真的对这个房子完全满意的话，对我而言可能更加糟糕，这样我就不知道下面我还要干什么了。后来我在东莞做的那个别墅项目，要说条件各个方面比这个苛刻太多，跟甲方的关系也不可能这么融洽了。但是因为有这样一个经验以后，我就把在这里发现的遗憾重做一遍。

　　范：关注生活是您工作中一种内在的线索，一种很核心的东西？

　　董：我相信很多人都可以得到这个生活线索，但我相信对我来说得到这条线索尤其不易。它不易就在于在西方建筑学整个体系学习下来之后，你再往前追发现了一个难以进入的深刻的西方宗教传统。

　　可是我如今明白，中国人没有宗教传统的时候，也有生活作为核心，那这就不只是一个日常生活的基本问题。这个日常生活在中国可能本身就具有类比于西方宗教的重大意义。想想中国的天坛、庙、陵、住宅等种种建筑种类里似乎都有园林——所有跟生死有关的生活环境，如果都有个园子伴随，那也就意味着园林这部分内涵一定曾接近过西方宗教的深刻程度，那么我在此谈的这类生活，我觉得它就不是你刚才说的那种无要求的低限生活，我因此也不承认有这种生活。

附录 1

DOMUS 中文版访谈

周榕 & 董豫赣：宏大叙事与个人微叙事

周榕(以下简称周)：我看了清水会馆的平面图，感觉它还是对基本的形式咬得比较紧，整个建筑环环相扣，逻辑、对位的手法等都相当紧密。本身这个质量肯定没问题，而且国内现在能做到这种质量的房子很少，但我想问的是，如果你现在再设计房子，会不会还是按这种方式做，因为你已经研究了几年的中国园林，可能会有很多改变。你以前做的那个"水边宅"，和这个清水会馆有异曲同工之效，都有很紧凑的平面，以一种非常紧凑、自足性的空间为特征，具有仪式感，比如厕所啊、餐厅啊。每一个单独空间的这种完整性会使得它的物体感比较强，尤其是你又采用了一种特别突出材料的做法，就是清水砖的做法，这就把"物质"的属性突出了很多，而把中国园林的那种灵动感（减弱了），虽然你这里用了很多花窗的做法，但我还是觉得它的西方性比较强。这和我所了解的你的中国园林情趣颇为不同。这里很多小的空间和中国园林非常相似，但就是因为用了这种纯粹的清水砖材料，每个部分都感到物体在膨胀，而不是内敛退隐，每一个空间的规定性都太强，而自由性就削弱了。这是我的一个看法，就是西方的建筑语言系统，和你所醉心的中国园林的这一套搭接得不是很自然。

董豫赣(以下简称董)：可以借用我的业主对这个房子的评价——它既不是园林，也不是别的什么，而是"变形的四合院"，就是说，还是有某种仪式感，但又叠加了一些园林的东西在里面。

说到空间的自足性，我不知道这是不是等同于西方建筑学的"自明性"，但有一个前提我承认，就是做这个房子的时候，东西方的东西在我头脑中交织得非常厉害，就像我在写博士论文时感到的，我觉得我对东方的了解不如对西方的了解，这让我非常受刺激。所以后来我理解的自足性就渐渐有了另一个角度，不再是柯林·罗或者埃森曼在讨论柯布西耶的建筑时的那种自明性角度，因为那里的自明性强调物体是可以自我发生的，而我觉得这里如果用独立性就比较好解释一些。

而"独立"恰恰是我对中国园林的一个理解，这是我读中国诗、山水画等感受到的，它有一个很强的特点，就是片段的独立。当然独立以后怎么发生关联，这是区别的开始。

中国有个词叫"对仗"，这是西方没有的，而对仗的前提就在于，如果这个东西不独立，那下一步就不可能做，所以必须第一句话就把话说完，并成为下一句的起点，这里强调的是片断的独立。我思考的就是将不同的片断搁在一块，我相信自由就发生在这些原本各自独立的且差异性非常大的片断的对仗并置之间。至于把哪些片断放在一起以及依据什么来进行对仗，我到现在做中国园林研究已经第五个年头了，但还是觉得根本不够。从这个角度说，你可能会觉得它里边有一些硬的东西，但我觉得这个阶段已经非常好了，因为你已经开始自觉地意识到有些个人的东西要做了，而不是像以前那样，认为建筑学是一个集体的目标、是人类的目标。

周：我觉得你说到的一个论点挺好，就是建筑学不需要为宏大叙事负责，建筑学本身承载不了人类命运，承载不了一个集体性的叙事，而当代建筑师的一个趋向就是向个人微叙事回归。

我一直想写一篇文章，谈谈中国建筑师如何一直沉溺于宏大叙事中，老一代的都是新古典主义的宏大叙事，包括张永和也是用西方现代主义的宏大叙事来摧毁中国的传统宏大叙事，总之，都是在用一个比较空洞的大词来对待建筑学，比如什么逻辑、法则等这些抽象的东西。所以我觉得你能够觉悟到建筑学向个人的微叙事转变，这是挺好的一件事，但我要指出的是，你这个房子恰恰和你的想法不一样，因为我在每个房子中都看到原形的力量，你其实在替很多背后的人发言。比如那个卫生间，这其实不是你个人的微叙事，而是你比较偏好的宏大叙事。

董：我不知道你这里说的个人的微叙事和个人的偏好有什么差异。

周：我觉得是你一直受到这种宏大叙事的教育，这些东西已经进入你的潜意识，你虽然说不要宏大叙事，但一动

手画图，这种潜意识又使你把人类历史上、特别是西方历史上的很多建筑原型做一个勾连。

比如这两个环，我们就很容易想到康，想到卡洛·斯卡帕，甚至从一些细部上想到马里奥·博塔，除此之外，还有很多南美的建筑师、一些地区建筑师，以及一些用砖的古典建筑师。你在潜意识深处，其实还是在跟他们进行勾连、进行对话。你不自觉地一出手就做到这一点。

董：我必须打断你，是因为我上次和童明也聊起这事，我觉得每个人都有自己的潜意识，你回避不了过去所学的以及现在正在学的一切，那假如人人都有自己的潜意识，人人都回避不了，那这就不是个人的问题，如果这不是个人的问题，那……

周：当然这不是个人的问题，我的意思是你的这种紧张感是从哪来的。就是因为在你的潜意识深处有一种恐惧，对失去法则的恐惧。因为你现在的每一个细节都是中规中矩的，都符合所谓的建筑学逻辑和建筑学法则。

董：这点我知道，上次史建也来说，你做砖房子就应该去一下罗马。但我心里觉得，人不一定要做好所有的准备才开始做事，等你所有的准备都做完了，估计你也就不想做事了。还有一个就是，很多人看到我那两个圆洞都觉得像斯卡帕，但其实那个想法非常简单，也没什么好解释的，因为把两个或者三个圆搁在一起的形式，在你能想到的人类史中可以列出一大堆名字，但每个地方用的都不一样，如果不能看出这其中的微观区别的话，那我觉得这恰恰是在用宏大叙事的眼光看问题或点评一切建筑，因为只要看到圆的，就会想起康，就觉得和康有关，可是如果你又看到古罗马的呢？那又不可能想起康来，那怎么办？所以我觉得这些意义都不大，意义更大的地方在于，你为什么用这个圆。比如斯卡帕用圆，可能是和他对数、对鱼的迷恋有关；而我做这个，是因为我去了苏州的半园，我觉得半园的那个廊子做得太有意思了，它特别狭窄，并且为了小中做大，又折了一下，然后又留了一个八边形——我原来一直以为是一个

圆形——的缝隙里种了一点东西，所以我刚才带你穿过那三个圆洞的时候，和你说我打算在那里种东西的。所以从一个形上来看，我们可以找出一堆我们知道的东西，但你知道的不一定是我知道的，所以如果用你知道的东西来定义我的东西，这就又变成了……

周：我是说，一个建筑师做的作品，本身就是一个开放的文本，是允许别人进行解读的，而这种解读就是建立在一个建筑学的背景上，如果他没有接受过建筑学的训练，那这种解读是不一样的，比如，如果他受到过建筑学的训练，那他一眼就会看出你对于比例、尺度这些方面的把握和对一些细节的处理。我对这个房子其实有一个基本的评价就是，它是中规中矩的，就是没有任何败笔，这是很不容易的，因为现在中国建筑师做的房子，有时候你进去一看处处都是败笔。而清水会馆没有什么败笔，但是，我也没有感到特别大的惊喜。其实我对清水会馆是寄予了很大期望的，因为四年前你就和我说你在做这个房子了，我也等了四年了，而在我想象中就有一个非常大的空间，可到这看了以后，我就觉得做得稍微拘谨了，因为它太守规矩了，每一处都无可挑剔，比例、开窗等等，反正在这个房子里端详半天，好像也只能这么做。但是这里面，立格和破格，我在这里看到的更多是立格，而破格的地方比较少。包括你刚才谈到的近体诗、韵文这些，其实立格和破格相间是一种最好的状况；而特别符合律诗的平仄对仗这些规则的其实并不是什么好诗，比如杜甫的"香稻啄余鹦鹉粒，碧梧栖老凤凰枝"，它对仗完美，但并不是好诗。相反，比如李白、李贺、苏轼他们，破了这个音律，那么在这个立格中掺进破格的东西，我觉得可能会更好。在这里，我原来期望看到一些园林的看似蛮不讲理的破格的东西，但我看到的是很多条轴线、很多对应，一种建筑学的就就业业的态度。这些毫无疑问是非常好的，但离我的期望还有距离。

董：关于立格和破格的问题，首先我觉得如果还没有立好就破，这也成为一个问题。

周：我不是假设不立就破，我只是说，这个房子和水边宅，都有非常严格的对位、转折等，显得紧张有余、放松不足。我知道你在这个现场做了两年，现场本身会有很多即兴的成分。其实现代建筑师的一个最大的问题就是，建筑师和工地分离，去推敲一个图纸上的完美的东西。而我觉得现实里面，如果能即兴地出来一些华彩乐段、一些特别有趣的东西……但我看到的还是非常精确地执行一个抽象空间的完美模式，而不是即兴地让砖舞蹈起来。比如这些大片的花墙，它其实表达的是一个概念化的墙面，就是要把每一个花纹的纹式做好，它没有把花墙本身的那种可能性、对墙本身的挑战（挖掘出来），而还是规规矩矩的一排，这里所有的花墙我都仔细看了一下，做的都是这样，包括那边700平方米的房子。这是一种集群式的方法，而不是个人话语的表达。因为你在替背后很多人发言，这点你自己都很难意识到，但确实是说了很多，比如你还要替半园发言。

我在想怎么能够把建筑师或者古典（工匠的工作借鉴过来），他（古典工匠）自己要砌砖头，要切梁、锯木头，要做很多这样的工作，在这个过程中其实是会有很多灵感和新的创意出现，就会有很多意想不到的破除预设的东西出来。实际上我总说建筑是戏剧，而不是电影。一部电影可能是完美之作，中间不会出现瑕疵，不会出现有什么对不上的事，演员也不会摔跟头，不会突然失误，但是它确实没有生活里面那种特别真实的感觉。这种感觉就是神秘性，一种现场的氛围，一种灵光所在，它应该根据现场做出来。而我觉得你的现场工作更多是投入在如何坚决执行在另外一个空间里面的纯粹的东西。

董：我觉得你这是在帮我说话。你说我的背后有个半园或者有一些什么，而我觉得关于"个人"，在罗兰·巴特以后，假定个人是万能的已经是荒谬的事了，因为你是一个建筑师，你只能做你自己能做的事情，你不再是神，你不是能满足所有的要求。但是如果没有任何一个东西你自己能接得上，你就会变成什么都不是，所以你肯定要跟一些东西接上。你刚才谈到的紧张和放松，我跟你观点不大一样。比如你以前跟我说，斯卡帕、康、还有西扎中，你觉得西扎最放松，但对我来说放不放松我不感兴趣，我感兴趣的是他们的房子。我的性格不是放松的，我可能更容易紧张，我做的东西就表现紧张。所以紧张或者放松都不是好的、也不是坏的东西，关键是是不是适合你的性格。我做的窗格子都中规中矩，但每个地方的差异都有它的理由，因为我不能做一个我不肯定的东西，比如你说让砖舞蹈起来，我的问题是，为什么让它跳这种舞？

我最近写了一篇文章叫《建筑物体》，讨论柯布的建筑怎么发生的。所以它跳不跳舞我不感兴趣，我感兴趣的是它是在这儿而不是那儿。

周：我觉得建筑学的原则，其实是在代表大多数人发言，这恰恰是一种宏大叙事，是一个集体的说法，只不过经过多年建筑学的实践和考验，发现这些地方被大多数人接受，所以我仍然觉得你建筑学功底很深（笑）。

董：可是你回头想想，这个园子里用同一个材料，造价基本差不多，如果说大家都觉得这是能接受的，那为什么这个房子之前没有人这么盖过？

周：我觉得你这个房子不一样，它有两千多平方米，如果是七百多平方米的尺度，那其实会差得很多，本质上因为你使用砖的材料。这个房子你用了这么多砖，之所以没觉得很压，是因为它空间足够大，院子足够大，如果院子小的话根本达不到现在的效果。这个房子有一些无比巨大的空间，具有仪式感的空间，而且很多空间形成一个嵌套，形成一个砖的迷宫的做法，对于没有这种空间体验的人来说，当然会觉得很有趣。但我觉得在材料方面，大，一方面挽救了它，另一方面大对它又并不是一个好事，因为如此匀质的材料，以一种不厌其烦的方式在重复的时候，这个体验多了以后，一眼看过去全是这种红砖的一些东西，恰恰会有一些问

题出来，就因为它太匀质了。比如在这么大一个地方生活体验，永远都在墙和窗户这样一个方式之间，其实是同一句话不断地变化说法，或者同一种语言不断地说着相类似的话。这时大本身就成了一个双刃剑，一方面会让它好，另一方面就会觉得很多东西都在干扰它。

董：其实材料没那么重要，中国园林里，比如现存的苏州园林里能剩下的几乎全是白，它变成另外一个匀质，可是没有人认为它是匀质的。

周：你看苏州园林难道只有一种材料吗？只是墙是白的。要说中国园林、苏州园林这些，我觉得恰恰有一点，就是根本不强调每一个房间的仪式性，跟你是不一样的。它是一个类型学的方法，计成说"宜亭斯亭，宜榭斯榭"，亭和榭没有关系，只要知道亭是一个类型、榭也是一个类型就行了，不需要知道具体一个什么样的亭。像你那样中间一个大圆，上面还有几个光，墙上有突出，还有缝，所有这样精心做一个物体，就使得物体感强得多，而且砖这种材料本身就具有实体感，也就是物体感。它跟中国园林的精神还真是不一样。

董：这里有一个特别大的矛盾，宜亭斯亭也好，宜榭斯榭也好，那时候中国文人是不做这个的，亭不用自己做，榭也不用自己做。而我们现在的专业就是做这个。我觉得重要的是，你会做一些东西后，慢慢你会改变它的做法。

周：关键是，这里很多空间令人非常惊奇，或者就是仪式性的空间，这些空间对于你整体的房子来说其实没有太大的益处，可能增加一些噱头，增加一些"景点"，但是这些"景点"把整个空间的流畅或者有趣的东西阻隔了。我觉得在你的院子里远远没有在你的房间里精彩，这就是原因所在。

董：我在盖这个房子的时候我就知道，买中国园林的石头什么的也不大现实，而且根本也不可能；还有一点，我在南宁做的两个房子，态度就和这个房子有非常大的差别。比如，我最近在南宁明秀园做的"一卷山房"，因为那个园

子里天然长的一块石头特别像董其昌画的一座山头，那个房子的起点就是那堆石头。而这个房子，我一开始面对的就是……

周： 你这话说到了一个点子上。你刚才说的一卷山房，可能更偏向于我说的这种个人微叙事的方式，因为你是有东西可说，一张白纸最难画。比如一张纸上已经滴了一个墨点子在上面，你就着它做，反而会有很多别出心裁的东西出来。而你做这个房子的时候，恰恰没有最核心的一点来围绕它做，而恰恰变成以很强的逻辑秩序来做。

董： 这一点有——但可能不像现在表现出来的那么强——就是这个游泳池。原来任务书里写明必须有一个游泳池，并且当时甲方和我说过一句话，就是他觉得北京特别干燥，所以他希望他的厅堂里能够湿润一些。那怎么让这里湿润，用加湿器当然是一种方法，但那不是建筑学的方法，所以我就想把这个游泳池做在东南方位，这样夏天的东南风就会把水汽吹向整个房子。由此为起点，其他的房间布局、南向光的解决啊等等，做了很多建筑学的剖面图之类。除此之外，我还希望游泳池的水用完后不要直接排到市政排水管，而是能环绕整个房子，你能听到、看到它跌落、流动。我希望的就是把它的流动过程展现出来。这些东西就构成了这个房子的基本格局。接下来，我就把这几年没房子盖憋着的很多想法搁在这里，有些搁在这块不合适就搁那块，搁完了以后再想想它能干什么，这点我毫不隐讳。包括前面那个假山和水，我开始不知道那里能挖水池，因为也不知道那里有没有地下水。刚开始只是做一个类似大地艺术的园子，后来他们回填土方需要土，挖到两米多时看到地下水了，这太让我兴奋了。在这种情况下，我才开始做那些东西。但是有一点我做过努力，我想建筑学这个东西，可能十年的西方式教育还是压倒五年的中国文化的自觉，所以我刚刚说到片断，我拼起来的时候，它是不是按照一个标准建筑学的古典比例之类，我从来没考虑这个问题。

因为我不信感觉，我不大会跳舞，因为本身它跟我的性格不大能够融洽，比如像我看《时代建筑》上罗旭做的那个房子，我真喜欢，因为我知道，只要你画图你就盖不出那个房子。他的性格跟我不一样，比如他对家庭的态度，对女人的态度，我根本不可能做到他那么放松，那我做建筑怎么可能像他那么放松？可是我真喜欢他的东西，我老早就从吕彪那看了他的图片，他能把砖用得跟布一样。

周： 他是完全建立在没有任何规范的基础上，他完全不懂啊，只要那些砖掉不下来就行，掉下来也无所谓了，砸着自己。

董： 我第一次看见吕彪那些照片上的屋顶已经裂了，就拿胶条粘上。所以那个做法本身你真喜欢，可是让你做的话，你立刻就知道你做不了。所以我觉得最重要的是你就做你能做的事，跟自己的气质比较匹配。

周： 你要说到这个地方那就没有什么可说的了，因为这牵涉到什么建筑是好的，因为这没有最后的定论，每个人喜爱的不一样。只能说，我本身经过这么多年建筑学学习——今年正好 20 年，在这么长时间的学习以后，我挺厌烦建筑学的这种陈词滥调的，比如说这面墙上这俩洞，确实看着不错，但我就不太喜欢。其实从建筑学来说它是很规矩的，但是我看着挺别扭。

董： 我从来没觉得它规矩或不规矩，那是两个灯的位置，我和工人说，你给我安高一点，安两个灯，就这样。

周： 但我看这个东西挺别扭。

董： 因为它不是一个形式，它就是你要用它。

周： 要用也可以不这么用。

董： 当然可以。

周： 为什么这两个间距是一样的，跟游泳池这儿加了这根轴线。不就是为了这根轴线嘛。

董： 我觉得其实挺简单的，当时我准备用砖砌一个躺椅，从灯照的均匀程度它也该在那。

周： 为什么要均匀？

董：那边是台阶，这边是这棵树，你说我两个躺椅往哪放？

周：那这跟灯有什么关系？

董：我躺在这儿看书什么的，当然和灯有关了。

周：这就变成了是那种现代主义最讲究的，比如功能逻辑主义。

董：我确实特强调功能。

周：关键是功能逻辑主义在一个很小的建筑里面非常重要，因为把你逼到极限，你没有办法，你不能浪费更多空间资源，但是对于一个两千多平方米的房子来说，你有大把的空间可以待，躺椅也有大把的地方可以躺，你为什么还要继续在这样一个功能逻辑主义基础上，还要再……它本身的出发点就是为了节约空间，比如多大一个笼子可以关一个老虎，老虎需要多大的空间，这是不一样的概念。你说那个东西，比如这个院子只有它的十分之一，我需要灯光，可能中间一个灯，希望两边照度均匀——以前北京公共厕所就是这样，在这之间为了省空间，一个灯两边厕所照，我觉得这是在资源极度稀缺的情况下（的做法）。而你现在的情况不是资源极度稀缺，你的态度是矛盾的，因为这有很多廊子就是浪费空间，没有意义，就是希望在一个有顶的地方走嘛；而很多这样的地方，你又把自己逼到功能特别极端的方式，甚至不能多一点、不能少一点，就是要匀质分配的方式。那这两种矛盾的态度，在你建筑里面是充斥着的。

董：我觉得在任何地方，比如那个廊子，我为什么要做几个凳子在那里，我觉得没有任何一个功能可取的话我将无从着手……

周：恰恰你这个房子不是一个功能逻辑主义。那边外头上面从屋顶下去的台阶，为什么隔几步你要把砖垛子砌进来呢？

董：那是拉筋啊，那才能搁得住。

周：不光是这样一个地方，很多地方都是这样。这是形式主义啊。

董：你说的地方我都能解释我为什么那么做。

周：你说你花窗为什么做得不一样？这些花窗其实没有道理做得不一样嘛，可是你做了很多种不一样的。再比如这边台阶下去做了这么多，这是形式主义嘛，这跟功能有什么关系啊？

董：你如果说一个功能只有一个办法的话，那就不用说了。

周：所以说一个功能不只一个办法，现在你要说回去，又回到一个功能只有唯一性的办法。

董：我不觉得是唯一性。我以我对功能的理解解释它，我就这么简单。因为我的精力也是……

周：你的态度不统一啊，

董：我不需要统一。

周：你要说这个就好办。那咱们就达到了共识。

董：比如我做那个书房的格子，当然它首先是个灯，没有那个灯我不会做它，但我有意把它做得像门。这个东西你说它有多少功能，多少不是功能？是不是需要三扇还是五扇？我觉得这个东西我说不清楚，可是它如果不作为灯，只作为一个格子，我不知道我为什么做这样一个格子……

周：实际上你没必要为每件事都找一个理由，我觉得你太紧张，就是在于你每件事都要找理由。你刚才说了这么多东西，每个都有理由。

董：我没理由做那些我解释不了的东西。它们一定统一在功能上。

周：我不同意，你这东西显然不是功能，那一堆台阶下去那是功能吗？

董：它首先是台阶。

周：花费很多钱做这个台阶，如果按你这个逻辑就是最直接的功能，你肯定不做这种台阶，这台阶明显就是形式，你说不清楚，你自己逻辑都是混乱的。

董：首先，它首先有一个功能才有不同的形式。

周：你就说这两个地方，这两个洞口和你那个台阶是一种逻辑吗？

董：这个我没想过。

周：绝对不是一个逻辑。那是最不直接的方式。

董：我觉得做房子的时候，如果要一天到晚想逻辑，你会烦的。

周：这恰恰是我希望跟你说的，就是我觉得你的逻辑太强了。

董：逻辑强是因为你老是问我。

周：建筑的乐趣是不是在于每做一件事情都给自己很强的理由，最后假设这些特别直接的逻辑的协调拼接结果就是效率最高，比如任何人不可能比我这房子做得效率更高了，你觉得这也是一个办法，成为智力挑战，你也觉得是一个乐趣。可恰恰不是这样，你有些地方效率高，有些地方效率不高，当然你可以用混杂理论来解释，但恰恰你又不混杂，你试图用一种砖的逻辑来把这些事情全都说清楚，这实际上是一个矛盾，这个房子的矛盾都归结于，整个内部逻辑不统一。你要说张永和这一点，他就比较直接，他不会出现同一个建筑里头很多自相矛盾的事，至少早期是这样，这套逻辑非常强，虽然我并不喜欢他的房子，但是我觉得他至少自圆其说了。

董：那你觉得，你不喜欢他的房子而喜欢这一套说法的话，那说法与房子是分离的吗？

周：没有啊，我只是觉得这是建筑学的陈词滥调，我一开始就开宗明义地说了。其实秘密就在这一点，你在这里干脆不要说逻辑，一说逻辑你就自相矛盾了。但是你恰恰每做一个东西都有一个理由，因为你受的教育，包括你的思维方式，就是这样一种线性因果的对接；这样一个方式，我觉得没什么不好，因为现代人想得太多，这么做可能纯粹性更好一点，但是如果每件事都找理由，我觉得建筑还是蛮累。

……

周：这面墙正中间放一个窗户干嘛？

董：拔风啊。

周：拔风为什么一定要放在正中？这两个空间又不对称，又没有轴线。

董：偏也无所谓。

周：我不是说偏，不是无所谓，恰恰你是放在中间了，这就是你受的教育。一看就是建筑学的做法。

董：对，这个我同意，这是个问题。有可能再往上想会做得更细，比如风从哪过来，如果考虑了这些，也许放在左上角而不是正中效果会更好。有些东西我觉得，毕竟学建筑学这么多年，这是我盖的第二个房子，等了这么久，机会终于来了，你要说不紧张恐怕也是很难的。

周：其实这个房子，我个人认为几乎是国内最好的房子了，我说了它没有败笔，中规中矩，放在这儿没错，但是没有错误是不是等于好？因为我觉得没有错误或者正确的处理，往往等同于没有趣味的处理，或者说没有乐趣的处理。

董：我对"绝对正确"一点兴趣都没有。

周：可是建筑学一旦成为教条，它就要试图教给人家什么是正确的。

董：可是荒谬的地方在于，一旦你知道它正确，你还做它干什么？

周：所以我说建立在功能逻辑主义上的这种现代主义的宏大叙事挺害人的，它就让建筑学越走越窄了。

董：不过我觉得人得有一个准线，让你知道宽还是窄。

周：关键我是觉得进去还要出来，这点是重要的。我决没有要否定你的房子。

董：前天童明给了我一些拉图雷特修道院的照片，看那做工真的很差，这让我特别吃惊，可是那个房子我真喜欢。我当时在想，我要求工人把砖砌得这么直，是不是因为我另外一方面特别差。我有时真的会怀疑这些。当然你说的这个拔风的窗口我特别同意，但我不认为它不是一个功能主义的问题，而是不经思考就放那了，就是建筑学的习惯。我觉得要真是功能主义，我倒有可能把它搁在一个角上，我能够得着。而恰恰是这里我不大知道在一次盖房子里头，是所有的地方我都来想清楚呢，还是保留一定的习惯不去思考，只做自己感兴趣的点。这个度很难把握的。

周：我跟你这么说，这样的处理就是一个僵尸，就是一个标本，任何人做都是这样做，我相信你的学生做也是这样做。恰恰你研究对流，风从哪过来，放在那，它就有生命了，不是从属一个概念、一个纯粹空间形式的东西。你能感觉到风吹出来。这个功能就跟我们所说的抽象的功能是不一样的，这是具体的，所有生活情趣会在那个地方出现。

董：这点我特别同意，因为抽象的功能没有任何意义，因为它会假设所有的东西都有一个标准，而这个标准一旦建立，我觉得建筑学几乎可以不教。

周：其实说白了就是这样，因为所谓的宏大叙事、代表集体发言，说的就是这种抽象的功能。你为什么要这么做？因为你要节约资源、节约空间资源。为什么要节约空间资源？因为你有社会责任感，因为地球上人太多了，有60多亿人，每个人占的地太少，然后社会大同的思路全来了，归根到底还是有一个宏大叙事在其中。但实际上你放到这儿，你偏了两米，难道60亿人就因此受损了吗？完全不是这么回事儿。现代主义就是把自己看成救世主，包括柯布、密斯、格罗皮乌斯这些人，就是这样啊，把自己看成一个救世主的角色，他要为社会代言，他做的所有工作都是这样，因为这些都是社会主义学，说白了就是这样。为什么别人要给你做主，你为什么要给别人做主。你能把自己的主做好就不错了，其实就是这个意思。[1]

[1] 摘自"dialogue: wm architecture—Dong Yugan & Zhou Rong"，*DOMUS*
第 004 期，2006 年 10 月．

附录 2
《建筑师》杂志清水会馆座谈

时间：2006 年 11 月 12 日
地点：北京清水会馆
主办：《建筑师》杂志社
主持：李东、黄居正
与会嘉宾（按姓氏笔画排列）：
王路（清华大学建筑学院教授）
王欣（北京建筑工程学院建筑系讲师）
李兴钢（中国建筑设计研究院副总建筑师）
范路（《建筑师》杂志特约编辑）
龚恺（东南大学建筑学院教授）
葛明（东南大学建筑学院副教授）
董豫赣（北京大学建筑学研究中心副教授）

龚恺：董老师能不能稍微介绍一下这个建筑背后的东西。比如说，这个项目是从什么时候开始的？你做设计做了多久？然后什么时候开始施工的？业主的大概情况？也不用太复杂，就是让我们了解一点具体的背景资料。

董豫赣：谈到这个项目的起因还要追溯到我盖第一座房子的时候。当时，我跟甲方没处好，后来还写了一篇文章发在《时代建筑》上。然后，林鹰还写了一篇文章登在一本时尚杂志上。为此，我还觉得有些委屈。但林鹰说："你们建筑学的杂志都是建筑师同行在看，而没有真正的业主会看，所以上了时尚杂志以后没准就有人来找你。"

之后不到半个月或三年半或将近四年以前吧，刚过完春节不久，一个电话打过来，约我到万圣谈（注：万圣书园，清华、北大之间的一个著名书店兼咖啡馆）。当时来的不是甲方本人，而是个副总。他说甲方在杂志上看那个房子的照片，觉得红砖特别好，因此想找我盖房子。此外，我和第一个甲方闹矛盾的一个主要原因我猜是与我公布了那个房子的造价有关。当时那个造价非常低，600 块钱 1 平方米。而这个甲方觉得我能盖得起便宜的房子，所以他就派副总来约我，让我盖红砖的房子。所以有的东西作为前提已经基本定了。

我是个头脑特别简单的人。如果说我第一次和甲方没处好，那我下面要解决的便是和甲方的相处问题。所幸的是，这个甲方通过我的文章已经了解了我的性格。他说他知道我脾气不好，所以他们会在合同中强调一个原则，就是当甲方跟建筑师起争执且争执不下的时候，以建筑师的看法为主。这句话很诱惑我。还有，我和他第一次见面的时候，他说他在他那行干得最好，而他通过杂志认为我在建筑设计这行干得也是最好的。因为他就是喜欢我盖的房子，所以绝不干涉我。他说："我要用你就用足你，而不是用了你我再介入，这是我们盖这个房子的基本前提。"

这个房子的设计断断续续进行了近两年。刚开始，他（甲方）老带我来看基地。那时候，唯一的东西就是有一口井，其他就是一片高粱地。春夏秋冬他都带我来。开始时，我也看不出什么东西。慢慢地，有些东西开始对我有影响。比如说这条河，你会发现整个小区的房子都没有对这个河做出反应。最开始的近一年时间，他几乎每个月都带我到这来。然后我们在九华山庄喝喝茶、聊聊天，然后就开始做设计。那个时候，我跟王欣都在搞中国园林研究，所以在这个建筑中进行了尝试。不同于以往的从整体到局部的设计方法，我先构想了许多局部"小东西"，然后再把它们联系起来。这大概就是这个房子的设计背景。从设计到盖好，整个时间不到四年，其中盖了两年。

黄居正：(红砖)这个材料基本上是甲方定的？

董豫赣：是的。在盖这个房子的时候，我看到周围其他人盖的房子，绝大部分都是红砖外头贴面材。他们基本上是里头做红砖，因为红砖便宜，然后在室内刷白。还有一家是墙里侧用红砖而外侧用青砖，于是那个交接的地方非常有意思。当时我问甲方我们能不能也这么做，因为当时我对盖这么大的红砖房子心里没底，可是我知道盖青砖的特别保险。可甲方坚持用红砖，还列举了一大堆理由：他喜欢红砖的室内光线；青砖比红砖要贵一倍多；砖透气且没有装修的气味。而我对他唯一的鼓动是：由于手工问题，今后再盖砖房子会极贵。因为中国的手工在八年之后价格有可能达到欧洲水平，所以以后不大可能再用手工来盖一个这样的砖墙房子，除非你极其有钱。这就恰好形成一个对比：现在是因为没钱才盖砖房；而过了八年以后可能只有最有钱的人才能盖砖房。这是我对材料选择的一个基本看法。

李兴钢：董老师在我们院做过一个讲座，提到过他的房子，也讲到他对中国园林的一些理解。其中有一个关键词，叫"对仗"对吧？

董豫赣：对。

李兴钢：昨天我又读了一下《时代建筑》"中国式居住"

那期中董老师写的一篇文章。里面有一个更详细的图，其中每个院子都有名字，用大写的 ABCD 标出；而功能性用房用小写的 abcd 标出。然后我发现功能性用房和庭院在名字上都有对仗。而这种对仗在建筑实体和空间上又有何体现呢？对仗的诗句既有独立性也有内在的联系性。而我在这座建筑中感觉片断性更为强烈，而空间上的关联性则比较弱。

董豫赣：李兴钢是一个特敏感的人。其实你仔细读我那两篇文章你就会发现，我一直在说这整个房子中，片段独立性是最为关键的。就是以前盖房子会强调一个总体性，这次我不强调了。

然而直到做院子的时候，我才意识到院子和房子一样有意思。只有当院子成为和建筑本身不太一样的东西时，它们才构成一个对仗。我博士论文里提到，其实对仗表明每一句都是一个独立的片段。有意思的是，你可以颠倒改变诗句的顺序；然而我觉得最重要的是，它仍然有不可颠倒的一套秩序。记得我在某一篇文章里有一段话叫作：前者我没有等来，后者我没有要修到。

其实我做这个砖房的过程就处于这个阶段：一个你原来等待的总体自明性你等不到了；而通过环境来做设计的能力我还没有完全修来。我觉得自己就是在这个过程中做的这个房子。所以我认为我的文本和建筑不是完全无关的，也不是可以完全解释的。我觉得我写文章从来不愿意完全独立或者完全解释，我老觉得它和建筑设计是一个交织的过程。

在做这个院子的时候，买植物的时候，我就觉得应该给它取名字。合欢院便是一个典型的例子。合欢院就是说我要种四棵合欢，因为那里正好有两个十字墙交织了，四个人可以坐在那块儿。我当时写了一个对子，叫什么"老少皆宜，四季合欢"。所以你真要等合欢树长出来才能体会。还有一点，理解中国的对仗要求你有基本的知识。对仗未必是我们现在所认为的、仅凭视觉就能完全理解的东西。比如在拙政园中，远香堂未必跟其他堂有多大区别，它只是针对环境才有那个名称。我觉得这种对仗能培养我们的敏感性，也能拓宽我们的理解。它不再只是一个单向性的，说我做完了你不用理解就有可能看出来（尽管这是我的一个理想）。关于这个房子，我觉得甲方定位最准确。他认为这是一个变形了的四合院，而让它变形的是关于园林的一些研究。

　　我还要插一句的是，盖这座房子跟我写博士论文是同步的。这两件事是同步的，它们相互交织在一起。所以我说"后者我还没有修到"，不过这也意味着我还能继续往下修。

　　王欣：我算是董老师设计过程的一个见证人。实际上，董老师在做这个房子以前是专攻西方建筑理论的，比如说他写《极少主义》。在建筑设计上，他更关注一个个的实体。所以，董老师在一开始做这个房子设计时是做了许多小东西的。实际上，他是把"前半生"感到有趣的空间抽象化、经典化了。当时在他电脑里头，我看到的是一堆咪咪小的东西——三角形的、小圆楼、小方块等古灵精怪的东西。这些是董老师一直感兴趣的空间原型。最后，他为这些空间原型赋予了一些功能，比如说他觉得这个空间作卫生间没准很有意思，那么它就是卫生间了。

　　所以整个设计不是由形式开始，然后他发现某个形式更适合干什么，就确定了。实际上，董老师首先创造了一堆所谓的棋子，他一开始对棋子本身的关注力更大一点。然而这些棋子一旦被扔到这个大的地段上时，他就需要有一个系统来组织棋子。最后，董老师是用一个砖墙的系统。当把那些棋子扔进去，结果就看不见。我觉得董老师是从关注个体开始，到最后完成时开始关注关系。这体现了董老师思想上的一个转变过程，是从西方建筑学慢慢往中国园林的方向转变。所以开始的一堆"小东西"都不见了，它

们成为一个起点最后又都消失了。也就是说和下围棋一样。董老师一开始关注棋子，这些围棋子本身都是无特征的，它们的特征在于棋子之间的关系。比如说先搁一个卫生间，然后边上再搁一个什么。因为有了这个卫生间，才有了边上的其他空间。这时，董老师关注的是一个关系而不是个体。

　　在董老师"逼迫"下，我曾写过一篇文章叫《的·间·闲》，就是讲"的"字在文章中的应用。实际上，"的"是一个虚词、一个介词，它一直在舒缓文字的实体性，使文章节奏缓慢。"间"是一个缝隙。实际上，董老师在这里创造出来好多很细微的间隙。正是有了这些间隙和庭院，建筑才变得闲了，而不是那么强调功能性，或者说，就是有了多余的活动。而正是有了多余的活动之后，这个建筑才迷人，室内外才会都被人带起来。

　　黄居正：我想问一个工作方式的问题。董老师在做这个设计的时候是不是通过我们一般说的平面图（来设计）？有没有这样的平面图？还是一边做一边有图？

　　董豫赣：这个图也有，但是跟一般设计院的不太一样。首先，甲方特别诚恳，他说："我看不懂图，你不用给我看，你给我说就行了。"所以好多东西我就是坐在万圣跟他说，而整个过程我没画过一张效果图。但是一个建筑还需要报批，你必须有一个总图。所以那个图也画出来了，只是后来的更改非常大。

　　我记得最清楚的有一天晚上画了25处变更，那时我跟警卫住在一起。

　　其次，我觉得这个房子有很多东西是在现场定的，这对一个不热爱现场的人来说是根本不能理解的。比如说这几个洞，刚开始做的两个圆是一样的。然后做完了一边之后，工人坐在那儿让我给他拍照片。他说："哎哟！你这个做得不好，怎么像两口子吵了架啊！"我说对啊。我对他说这堵墙不是还没砌吗，赶紧给它变更。我说我会让它们俩

和好，然后就砌了一个这样的。这座建筑中存在着大量这样的东西。

百子甲壹的彭乐乐，她原来给我提过一个问题，我一直觉得将来有可能实现。就是建筑师有没有可能像过去的文人一样，写一段文字只是把你想干什么事和做法写清楚，具体的做就不管了。过去的文人恐怕不大关心建造，而我们现在把建造当成一个主流的话题，就是一个技术话题。我觉得技术话题过于强大了以后，我心里其实是没有什么冲动的。记得路易·康说过一句话，大意是：房子盖起来后连你自己都不知道它是怎么样的，它有可能让你特别吃惊。

李东：清水会馆使用的主要建材是单一的砖。在这两千多平方米的空间里，我们看到了非常多的砖砌法。我想问一下董老师在这里是不是有炫技的嫌疑，想把所知道的、有趣的砖砌法都使用一遍。

董豫赣：其实这个事儿问得特别有意思。对此我们也可能提出完全相反的看法。比如周榕和史建他们就觉得：你要到罗马一看会发现这儿的砖砌法还不够多。

其实我在这里头还真没有一个地方是简单地为了砌而砌。比如说这边两个格子完全做得不一样，是错开的。这里有一个前提：那边是一个主要的院子，所以这两层格子错位，不能太透。这个是我清楚的，是我砌的一个动机。而至于是虎头墙还是平砌，我并不觉得非怎样不可。

我觉得设计就是给自己提问题，提完了你去解决它，否则我不认为是在做设计。如果没有问题，我来做一个形式的话，我到现在还没这么好的脑子。因为那需要脑子极其灵活，自己不需要控制。我觉得我控制不了的东西，对我来说就是我思考达不到的地方，我不大会去做。比如大门卡在砖缝里或者砍砖不砍砖所出来的光影，都是建筑学里对光影的一个理念。因为光打在一堵平面的墙上，你几乎没有对它做什么；可是当光打到一些有凹凸的地方，那就会有效果。而不同的效果应该搁在哪儿，这个就是我特别关

心的地方。如果说炫技的话，我应该在卫生间里，在阳光打不到的地方做一些不切砖的转角。不过我对此毫无兴趣。

比如说沿河的围墙我一开始没有设计，因为那边风景太好了，我不希望挡住它。可甲方每次都叹气说："你三面都有墙了，为什么这面没有。"后来我去南宁，朋友劝我说："你根本不理解富人他那种怕被抢的心态。"后来我就同意做围墙了。不过做围墙我又不希望挡，所以就在施工图册上找了一个空格最大也最简单的做法。其实有时候做决定挺简单的，就是你把问题明确了。我觉得建筑里面每个地方都有独立的问题。它不是那么抽象，就是说每一块儿都应该一样，因此不同地方会有不同的问题和解决方法。我觉得砖也是一回事：它面临不同的问题，也应该有不同的解决答案，因此会有许多不同的砌法，除非我们意识不到这个问题。当然意识不到问题的话，我就觉得自己特别失败，因为我没有能力做设计。

龚恺：在做这个房子的时候，你是娱乐了自己还是娱乐了甲方？

董豫赣：我原来以为只能愉悦自己，后来发现只愉悦自己是跟甲方处不好的。所以我觉得这个房子肯定是双方娱乐的关系。这个房子的主人一开始见我总西服笔挺、皮鞋锃亮，弄得我特别拘谨。我说你要想住这种房子就不应该老这样。后来，他在慢慢地变，甚至他跟我一样会穿拖鞋见面。最后，我们会在澡堂子见面，一边洗澡一边谈那个房子。他很放松。后来几乎每个星期六、星期天，如果他不出差不开会，他就把我叫到九华山庄，到这个工地来转。而后来我都有点受不了了。他要是没有愉悦感的话是不可能做到这样的。我不相信这个东西是可以靠控制得来的。而那个小房子我觉得就有点娱乐过头了，甲方后来完全是自娱了，我觉得最好的状况就是双方共同愉悦。

我觉得核心回答就是：只有让自己愉悦的东西才能让别人愉悦。举一个简单的例子。一个标准的优秀的妓女应

该是在宋代，她知道怎么通过这个职业来愉悦自己。如果她根本不热爱这一行，你也不可能真正跟她获得愉悦。当然这个话是我在清华读研时大家流传已久的一个说法，就是建筑师职业等同于妓女的。而我觉得哪怕做妓女也得做一个艺妓，就是说有一点水平，至少有色情的能力。在建筑中，因为你控制不了别人，甲方能不能对你产生愉悦感首先在于你的东西能否让你自己愉悦。

我觉得当代中国建筑师有一个很不良的情况，就是老自己觉得很委屈。可我觉得这是一个民主的时代，就是说建筑师在专业上肯定比别人强。如果你又不能肯定这一点的话，我觉得最后受的委屈就不值得。因为民主是前提，你打着民主的旗号，你又在这儿受委屈，我觉得非常不合适。因为这意味着你要为所有的人盖房子，你要所有人满意你的房子，我觉得那只有上帝能做到。我做不到，我只能盖我很愉悦的房子，然后甲方他也喜欢我这房子，他也能获得里头的愉悦。我从来不想满足所有的人，我觉得这是我的智力、能力以及信仰都不可能达到的东西。

李兴钢：甲方愉悦的地方在哪？他最喜欢什么地方？

董豫赣：他觉得是中餐厅，就是现在有圆顶的地方。因为他是学过油画的，他有油画情结，他对这里头的光影比较感兴趣。

如果跟那小房子的甲方比较，他也有许多坚持。他坚持不刷清漆，坚持屋顶用砖，坚持地面全部用砖。后来他说："董老师我知道你会有顾虑，但我没有。我找你，在重要的时刻，你犹豫的时候我帮你把这个事儿贯彻下去。"我觉得这单凭他对我的信任是不可能做到的。当然每个人都有盖房子的欲望，他是通过我来盖了一个他自己想要的房子。

在盖这个房子之前，他先是找人做了一套仿古的四合院。他喜欢四合院，因为他从小就住在四合院里。所以他最后评价这个房子叫变形的四合院，他觉得这个院子比四合院更有趣，就是生活起来有趣。这也符合他对自己将来

的理想，就是说他不再定位自己是个冠冕堂皇的官方人士，所以后来我觉得他的性格都在变。

李东：我们在清水会馆中还是能感受到一种很强的整体性，同时也看到了许多精彩的局部。我想问哪些局部是增强了整体性，哪些又起了损害的作用？比如，我觉得大门卡进入口凹凸墙面就会影响整体的效果。

董豫赣：前面我已经提到，我在这个房子中对整体性已经彻底没有兴趣了，所以我在这里是想修正，想找另一种秩序。如果要说刻意，我是想避免原来那个整体性的控制。对我而言，整体性的好处以及坏处都在，片面性一定也有它的好处和坏处。我一开始最大的挑战就是要利用片断性来消除整体性，尽量把这个整体性干掉。当然最后它仍然会出现一个整体性，但我觉得这已经是两回事了。

这个问题的前提是假定整体性是好的，那对于它的损害就是有害的。可如果说整体性本来就是我不关心的，那破坏了它对我来说反而是一个得意之处。我觉得我的工作能被人理解就足够了。我不希望它两方面的价值都有。一箭双雕当然很理想，可我一次只有一个靶子。

李兴钢：我觉得董老师头脑里还是有整体性的，但这个整体性可能不是用照片拍出来的。它是人的一个经过过程，把完整的体验当成一种整体性。比如说一个人先从车道进来，虽然说是车走的，但在入门之前还是有一个仪式吧。再经过一个槐树的小院，然后开始折进这个大门，一转弯然后你面对一条轴线：这个客厅、酒窖、电影厅……我觉得这个整体性是通过经历来体现的。如果照相的话，你只能得到一个个片段。

葛明：先说一下我对董豫赣的两个印象。第一种印象就是他很穷。人穷了就可能会偏执，比如说发牢骚什么的，好像非要显示自尊。但在我跟他的实际交往中，我并没有这些感觉。这好像是我在夸他了。第二个印象就是他容易

让人觉得碎，或者说是不太理性、很随意。其实我的感觉是他并不碎，这等于我又夸他了（笑）。

我对这个房子其实也算是一个见证者，只不过我经常站在一个反驳者的位置。不过这不是真正的反驳。为什么呢？他这几年一直在写关于中国园林的博士论文，所以这个房子跟他的论文是在一起进展的。他在演讲的时候很有激情，但是他在电话里说他的想法时却有些啰唆，我常常跟不上他讲的内容。他特别喜欢一个东西会不停地给你讲，其实他是想得到你的回应。但是他讲中国园林的时候我总是很怀疑，因为我几次鼓励他到东大来请教潘谷西先生或去清华请教周维权先生，他其实都躲着。他采用的方式导致了一种独特的状况：就是他在做这个设计的时候，看了很多的书也想了很多中国的问题，但是他对我们一般认为的中国问题不太关心，而是常常使用"词汇"这一类的东西，这对我来说既没有头也没有尾，于是我总觉得这些东西不牢靠。

现在我开始理解其实这是董豫赣在文字和建筑之间穿梭的一种努力，并不是园林有意思，而是这种来回的方式特别有意思。我们知道文字不能直接落实到建筑上，谁这么做往往会出问题。然后从建筑到文字也不能那么随意，如果真的那么随意，我倒觉得确实就像古代文人而非建筑师了。那么我所理解的老董的特点在什么地方呢？

来之前，东大的一位老师问我怎么看园林。我说我也不太会看。但是如果要看的话，我会想园林的尺度。他说你这个尺度在园林里本不是追求，你不能按照西方的标准来理解园林的尺度啊。在这个问题上我就受到了董豫赣的影响。我说我的尺度不是西方建筑里的尺度，而是另外的一种理解方式。如果你老在想着园林能不能被画得出来这件事情，那么这多多少少就接触到从当代的角度来理解园林这么一个事情。这是建筑学所要想的问题。就是说园林有的时候是不可画的，但我又希望去画它，所以我只能画我可以画清楚的。或者说，你在想这个事情怎么被画清楚的

时候，问题就浮现出来了。我说我受董豫赣影响，是因为他就是这么干的。大家发现他在设计每个地方时都试图去说清楚，比如刚才提到的夫妻吵架的门洞，富人怕露富的围墙等等。然而试图说清楚每件事势必会给人零碎的感觉。但是大家都觉得这个房子具有很强的整体性。为什么呢？

因为老董一直有这么一种兴趣探索语言和物体之间的关系，例如他在东大进行的两次讲座分别叫作"讲座"和"建筑物体"。语言和物体之间的连接可能有很多种办法，比如说象征或者是随时随地地说等等。而我觉得老董不知不觉有了一个办法沟通语言和物体。我不知道他是不是意识到了这个事情。在我看来，他的方法有点像人类学或者社会学的方法。人类学的一个核心就是用他者的眼光去看待事情，就是看别人的事物能不能被理解。再往后一个层次就是看人家的那个事物能不能被我表述清楚，从而引发我对自己是否能够清楚表述自我的思考。我不知道他是否很清晰、很自觉，但他在我眼中就是运用这么一个方式。例如，他在看古文化、园林的时候，他就是把它们当作一种方言。因为是方言，所以就带了零碎的感觉。但这个方言其实要诠释一件事情，所以不知不觉也会有一种整体的感觉。对老董来说，关键是这个房子能不能说。因为他做的所有"动作"都跟他要说得清楚有关。如果说不清楚，他其实很难过。所以他有时候给人的感觉很细枝末节。可为什么这个问题一定要说清楚了才能做呢？甚至连整体都不在乎了，干嘛在乎说得清楚。我理解他之所以这样恰恰是他在能不能说这件事上下了工夫。当然他的"说"有很多形式：可能是书，有可能是片段的文章，还有其他的办法，当然我也愿意听他在电话里唠叨。

概括来说，我觉得董豫赣比较在乎物体和语言之间的关系，这在我的理解里头有点像人类学的思考。这使得他的语言好像是片段，语言和建筑之间的联系有时也是片段。但由于他长期在关注一个问题，所以他的语言和建筑并不是想象的那么片段。这一点反而是他的优势。

这些都是我对他的揣摩，是我理解的需要。老董不一定是这么想的，我也不可能这么要求他。不过我很关心他下一步会做什么。

李兴钢：董老师在文章里提到过运动和静止，说中国文化里观察世界的方式是运动的，大概是这个意思吧。在这个房子里面，运动感是很容易体验到的，因为到处都有诱惑——这块会挡你一下，你肯定会走过去看；或者说向上的台阶那么窄，它会吸引你往上走。而我想问董老师希望这个房子里面哪块是需要人静止下来的呢？就是中国人并非在所有的地方都需要运动，他也会需要有静止下来的时刻。这里面哪块儿是你特别想让人停下来的？

董豫赣：园林中一定有个目的是最终目的，那个目的就是你需要停留下来的地方。它一定是个最精彩的点。我最开始强调片段的独立性，就是我想拉着人去看。但是你不能拉，所以你只能表现那些点，表现完了以后大家可能去找它。我觉得在园林里头重要的这些点一定是外面风景最好的观赏点。我觉得当时做这个房子的时候，有些东西真是希望人停留在那儿看的，比如说客厅、厕所什么的。那厕所的仪式感之所以强烈也就意味着它不运动，因为意识感就是通过一个东西清晰表达一个秩序。比如在那个大圆厅里头，也是如此。

但是我觉得我将来的变化可能是更关注室外的高潮。我不是说我不关注里头了，里头会有一些登峰造极的大师的作品在前头，也会有一些你自己做成习惯的东西。可是外头这个东西对我来说特别陌生，它对我构成了一些诱惑。比如我去看园林，更多关注一些原理性的关系，因为了解了原理将来咱们还能那么做。

我觉得这个里头，说得清楚和画得清楚对我还不太难。最难的是让我做一个我说不清楚、画不清楚的东西。比如说做我画都画不出来的东西，这对我来说是一个困难。当然我刚刚说的那个，好像有点野心，就是我是试图借助文字

和图纸让别人来控制这个房子，我来控制这个房子的位置。

葛明：我感觉你刚才的那想法很具有中国的文人气，是一种理想的状态。在我看来，个人怎么说是私人的事，但是它需要被其他人所理解。这个理解不见得是猜得准你的意思，而是能被感受，我觉得这特别有意义。

董豫赣：其实说白了就是找一个新的设计方法。怎么找方法呢，就是提出问题。提不出问题，你怎么能找出方法。

你刚刚说到大众和小众，我觉得这个时代就是一个小众的时代，这没什么好掩饰的。通过罗兰·巴特我们看到：这个时代就是不在做类似事情的人之间非常难以交流。因为上帝不在了，没有大同的话语，所有的人都在说话，所有的人都在说话就没有意义，所有人都可以不听。那唯一应该有的是你做了这点事情，有人在同一个平台还能鼓励你，还能批评你，然后改变你。

我觉得我借鉴古人，是因为我意识到张永和所说的所有那些西方建筑大师都对本国的建筑史了如指掌。那我们能了解什么？我们要做好他们的东西，一定要对他们了如指掌，我最开始是有这个野心的，所以我去教西方建筑史。可后来你发现你用他们的语言去思考他们的问题的话远远不如用自己的语言。我的弱点我非常清楚，我的古文功底不好。但是至少有一点，用我现在的状态去学英文跟我来学古文，肯定是学古文更容易一点，这太好下结论了。

葛明：英文和古文都是方言，挑容易的学就可以。

董豫赣：对！你知道我们现在说的白话文跟古文很容易找关系，比如王欣刚才说的"间接"，我就觉得"间接"就是通过"间"来"连接"。我对这样的理解挺得意的，但你拿英文憋死也憋不出来，你上哪儿憋去啊。

王欣：我觉得董老师这两年让我觉得有意思的就是"好玩"两个字。对于刚才说的整体性问题，实际上受过一段专业训练的建筑师都能保证。而在这个房子中，整体性用砖就可以保证了。所以对董老师来说，一个有意思的建

筑，它的整体性并不是特别重要，它容易保证。而关键之处在于它的东西好不好玩，里头的空间让你觉得有没有意思。

比如说苏州园林的建造，实际上它跟董老师做设计的方式很像。董老师虽然有图，但改了无数次。好些东西都是现场乱七八糟就决定了，有时候一拍脑袋瓜就决定了。实际上苏州园林的形成，也不是由一个图纸来决定的。比如拙政园，它从明代首先是一个寺院到后来一直改改改，改了不知道多少次。我们现在看到的实际上是 N 个园主人在这里加一点，那里加一点的东西。它是沉淀下来的、瞬间的东西，而并不是一个经典的东西（注：这里的经典指原型意味），也不是说它整体上多好看。实际上，它最让你舒服的还是在各个细节上。只不过苏州那个时期从明到清材料就这么一点，所以它没法不统一。说到底它也跟苏州城的统一性和多样性道理一样。多样性就是靠里头每个人的生活都有一些区别，但是城市的简单规则和材料都差不多，那没法不统一。

黄居正：你说到好玩。我们做一个小东西相对来说比较好控制，也可以给你带来更多愉悦。对于董豫赣来讲，砌砖是一种有趣的手工艺。但我注意到早年英国的工艺美术运动对社会、对文化也具有某种批判性。那么像董老师这里所用的砌砖的、手工艺的建造方式，对于别人或社会来说有什么意义？你今后换一种材料又会怎么做？

董豫赣：对别人有没有什么意义我从来不想，因为这会干扰我自己做事情。我相信柯布西耶会想这个事情。比如周榕喜欢斯卡帕，但又或者会说他作品没有柯布建筑的社会性。这其实是在变换标准。我觉得一个建筑不应当承担所有建筑学的问题，一个建筑师不应该承担所有建筑师的问题。我现在根本不担心不用砖我能否盖房子。我觉得首先是一个态度，这个态度如果让我快乐，用混凝土也一样。

我们为什么老强调这是一个独特的时代，然后我们又抱怨这个城市跟老城市不发生关系。所以有时候说的每个

问题单独拿出来都存在、都成立。然后把所有问题集中在一块儿的时候，你发现全是矛盾的。那我的态度就是不求全面，我只求我自己这么做，这么做至少对我本人来说不是矛盾的。

葛明：我认识一些海外的华人建筑学者。他们经常会问到董豫赣是一个什么样的人？开始他们会感觉董豫赣很西化，后来发现他又很中化。而这个房子的平面仅从形式来看是挺西化的，但董的文字诠释又是很中式的。所以他们很难将他归类。而我的回答是：董豫赣是一个很特殊的求道者，对他简单地归类其实没有意义。

从某个角度来说，董豫赣的问题并非是他一个人的问题。我想今天的中国的建筑师都面临一个共同的问题，即如何进行原创，怎样寻找自己的方式来做建筑。不然你做出来的总感觉像抄袭来的。所以我希望这个讨论千万不要给人一种错觉：好像这个房子是用红砖做的，所以就会讨论建构问题，或者因为它涉及园林就讨论中国式问题。我觉得最重要的在于关注这个房子怎么做着做着就具有独特性了。这可能是他的房子和论文放在一起谈的意义所在。

上次《时代建筑》关于中国式居住的讨论我没太仔细看，但感觉那个问题一下子就牵涉到意识形态里头去。我觉得意识形态上的讨论特别需要，任何人也不可能脱离意识形态，但我们还应该从具体建筑学的方法层面来讨论。

董豫赣：我觉得中国现在最缺乏的就是文化自觉性。我看中国近代建筑史的时候会比较日本的近现代建筑史。我发现日本建筑师一开始学习传统时，所有的路子都有：有直接拿来用的，也有含蓄一点的。可渐渐地到了今天，大部分路子都不见了，只剩下我们认为的、一种气质上的东西了，例如妹岛和世等人。而我们的问题是历次建筑讨论都更多在意识形态层面，所以等今天你一旦想做个东西的时候，没有前人给你做铺垫。那怎么办？这个时候你就只能从头做起。哪怕它生猛也要做。我觉得这个事儿我一旦想

清楚了，就不犹豫了。这个时候我是坚定不移的。

葛明：我赞成。其实每次我们要兴起一个事情的时候，都是以宏大叙事开始。然而无数具体的、精微的或者地方化的叙事每次都是草草收场。

董豫赣：我想起阿尔瓦·阿尔托所说的一句话。这句话针对中国当代依然有效。这句话大意是：现在重要的不是提出更多的问题，而是把每一个问题细致化。回想我们中国建筑讨论过多少次问题，比如后现代什么的。当我们发现后现代讨论结束以后，中国的"后现代"房子比整个西方的总和还要多，然后我们又来批判说——怎么会这么多……

王路：先讲建筑是娱乐这件事情。我看到一篇文章，说建筑就是建筑师和业主两个人之间的事。可能这个很像老董的状态。说到这个房子，实际上有很多的建筑师都会羡慕你。因为你有那么好的一个业主，能够很好地沟通。

接下来是有关当代中国建筑创作的问题。我觉得董豫赣是一个比较有批判性的人。在创作上，他是一种抵抗性的心态，这非常可贵。在当代中国，建筑师的设计速度是非常快的。而老董这样两年多一直在做这个东西。我觉得他对建筑的这个态度值得我学习。另外，这个房子远离北京市中心，一下子扎到城市郊区这么一个大的住区环境里头。这周围是一堆异化、抄袭来的小洋楼房子。而董豫赣在这里用当地材料，考虑低造价、当地气候，设计了一个具有真实地域性的房子。就是说这个清水会馆是在北京郊区这样一个特定的环境里头，一个特定时间下的作品。我觉得这是对中国当下建筑创作的一个贡献。

从创作效果上来讲，我感觉这个会馆是当代的一个中国北方建筑。在这里头，我感觉到一种空间的意象，一种北方院落的感觉，甚至可以说有山西大院的这种感觉。当然，这里面有各种大院、小院的组合，有园林的感觉，也有路易·康等建筑大师的感觉。我感觉是一种东西方各种元素

碰撞以后交融的感觉。你很难说哪个片段是怎么样的，实际上这些片段是他造出来的，是董豫赣融合了他的整个知识系统，然后在这么一个特定功能的房子里头展现出来的。此外，这个建筑的整体性很强。除了王欣所说的用砖作材料，我感觉这座建筑有一种很强的"自我申明"，因为它有一个很强的边界，像一个城堡。

再者，我觉得这个房子里头有一点幽默感。就是说董豫赣的处理有时候不是按照常规出牌。比如，他会弄那么窄的一个小地方，让你拐一下还不知道干嘛。但这种做法对建筑本身还是很积极的。不过这种处理也会有些没控制好的地方。比如说那个圆形的中餐厅，它本身是个很强烈的形体，它需要独立出来表达。然而我们却同时看到一些台阶和一些墙的碰撞，而这实际上有点削弱形体本身的表达。

还有一点，我搞不清楚黑窗框在这里是不是最适合的。我感觉这个建筑的表达主要就是在墙这个层面。你可能就无所谓室内、室外，都是洞，没有门没有窗。这应该接近李渔的理想。

董豫赣：王路刚才说的有一点我特别得意。一天正在施工的时候，旁边房子的业主过来看。他们说："这家一定是山西人，你看这个多像山西大院啊！"我觉得这样的评价比建筑师的肯定更让我高兴。他们是使用者，是自己盖房子的人，他们到了这儿来，觉得这儿适合他居住。所以我觉得得意。在设计时，我是认真考虑过北方院子跟南方院子的区别。同时我还考虑过现代生活的改变。比如传统的院子之所以成为生活的核心就在于一个礼制。平时夫妇小两口不敢白天待在卧室里头，不然会让人觉得道德有问题。他们必须到院子里，所以院子成了一个中心。而现在九岁的小孩在网上聊天，他怎么可能出来呢？我没有别的方式，只好使用物质的手段。我在某个设计里就在院子的一角嵌了一个电视机，希望让人出来。这种做法可能很生和硬，可我觉得这是对问题的反应。它导致院子的那个角落发生了

改变。

李东：我们在清水会馆中看到一些矛盾性，例如园林性和仪式性之间的矛盾；具体居住功能和抽象权利意味的矛盾；整体的逻辑性与局部的反逻辑等。这种矛盾性还体现在把砖用在顶棚上面。还有一点，我们看到建筑师自己一方面觉得自己很原创，另一方面又是对许多原型的模仿，例如这里有很明显康和斯卡帕的影子。

葛明：人总是要学习过去的。路易·康曾经深入研究过罗马废墟。但是他自己忌讳人家说他抄罗马，只有在做一个犹太教的房子时，他才相对乐意承认这点。我举这个例子是想说董豫赣的这个房子里头，其实有如何面对原型的问题。不过我们当代建筑里的原型太少了。当然，我并不认为董豫赣房子里头原型的痕迹重一定是一件好事，但我个人是比较倾向于有原型的东西在中国建筑中出现。

如何让原型更好地、更适当地出现，我觉得这是我们当代建筑里特别重要的一个问题。如果对老董提出更高的要求，我会希望他的原型更原型一些。比如老董会说那个门洞体现了家里两口子的关系，这只是一个话语，只是一个偶然性事件。但路易·康会从某个角度把这个事件仪式化。这种仪式化不是说要有一个中轴线之类的，而是具有一组话语的意思，应该是更抽象。而老董的问题在于他不能保证每次的话语（事件）都会在同一层级上头，所以就加重了建筑的片断感。尽管话语应该是零星的，应该是马上做出反应的，但是当语言本身缺乏共通性时，它就不容易被人理解了。所以我们希望老董今后能继续提炼他的语言，不过我觉得这个要求很高，因为这是我们一代建筑师都要努力来做的事情。毕竟要把事情想明白就已经不容易了。

我现在对这个房子的评价是吐字清晰。

董豫赣：其实我特别喜欢路易·康和斯卡帕，也受他们影响。但有一点我感到非常奇怪。我们讨论大师时，都能分析出他们是受谁影响；可是一旦谈到我们眼前的建

筑师时，一定希望他是无中生有的。这就变成了对神的要求——就如同基督徒要求基督有妈但没有亲身父亲一样，米开朗琪罗干脆将上帝画成没肚脐的神以表明它的无出处。我觉得这实际上是在诋毁一个学科（建筑学），因为学科意味着一个共享的平台。我觉得当代中国最需要这个专业平台，每个人在其中踏踏实实地做些工作。这恐怕比每次求怪求异要好得多。不是说创新就是让你猜不出来我是从哪里来的。不然，创新就变成了求怪。

王欣：我觉得看董老师或者当前其他的建筑师都应该轻松一点。有时候可能不应该把他搁到这个时代背景上去谈。董老师的这个房子也许只是一个很偶然的现象，不能说就一定开创了一条什么道路。我觉得这个房子只不过是一个比较个人化的东西。那也许董老师对于盖房子这件事来说还只是刚刚走了第一步或者第二步。这只是他第一个真正去实施，用建造的手段去实现的、他的一个梦想。在我看来，这当中的许多矛盾都不是问题，它们都可能是推着董老师前进的一些问题。

李东：建筑评论容易，但做起来却不那么容易。最后一个议题，如果让你对清水会馆进行改进，大家会怎么做？

李兴钢：如果要我去挑董豫赣房子的毛病，我会觉得进入这个房子比我预期的要失望一些。我觉得他并没有做到他文章里所写到的意境，我觉得并没有达到那样的一个高度。他自己也说了，这实际上是跟他的思考同时进行的一个工程，不是他先想好了、很成熟了再去实践的一个作品。不过这也使我们有机会在阅读一个建筑师的文章（思想）的同时看他亲手建造一个房子。这是一种不同寻常、前所未有的阅读体验。

在这里面，我觉得有件事情应该警惕，就是：建筑师很愉悦、甲方也很愉悦，所以这个房子最后会变得比较极端，比如说室内甚至包括一部分家具都用砖。而且我觉得这个房子之所以不特别完美和满意，是因为缺少了意境。那么意境从何而来？除了董老师迫切想看到的这些树要长起

来，我觉得还缺少了人的生活。如果墙那边有小姑娘，有老人，然后有各种不同的活动，没准意境就出来了。我觉得不仅是植物，可能还需要有动物有人。可我觉得这里面有些空间是不适合生活的。所以我觉得建筑师和甲方的共同偏执状态反而损害了建筑的完美性。比如说室内到处都是砖，没有一处抹平的地方，到处都是一种粗糙感、室外感。而一个精致的家具在其中可能会觉得很怪。

　　龚恺：我有一点质疑，我觉得这个房子到最后可能不会真正是住宅吧。

　　董豫赣：这个连我都怀疑。甲方未必告诉我他为什么盖这么大的房子，我也不理解。

　　龚恺：我觉得这个房子应该算是董豫赣呕心沥血做的东西。除非是因为甲方的问题，我们中很少有人会愿意花四年那么长的时间去做一个事情。另外，我觉得董豫赣也很聪明，他想说的东西就是他想要的东西，比如说中国园林、庭院什么的。我觉得这些可能就是董豫赣想要的东西，或者说是他在这里不太满意的东西。我觉得董豫赣已经表达得很清楚了：我们看到的东西就是他隐藏的东西，他想说的东西就是他想要的东西。

　　董豫赣：龚老师，我觉得你说得特别好。其实我对这个房子不太关心它的成败。它只是一个过程，它会诱发你接下来还想盖房子。这个太重要了。否则的话，你会觉得盖房子把人盖伤了。为什么四年来我不烦它，就是我首先有兴趣。有兴趣的事儿你当然希望它拖得越长越好。大家都希望只谈恋爱，不结婚嘛（笑）。所以它不算是呕心沥血的作品。

　　王路：我觉得董豫赣像是在作一篇汉赋。他的房子里头有很多局部是很华丽的，就是有些东西还过猛。所以如果要再改进的话，接下来可能就是写唐诗了。可能将来更加洗练。

附录 3　图纸目录

注：上述图片，因有版面要求，有些被我制作中所裁剪，望摄制者见谅。

后记：关于 601

当年被清华以末名录取，既感兴奋，更觉幸运。如今看来，进入清华与进入 15 号楼 601 宿舍这两件事，前者只许诺了模糊的某种前程，而后者却给我提供了特殊的清晰起点，这不但幸运，简直万幸。

当我扛着行李，挟着喜悦，撞开那间将属于我的 601 宿舍门，空荡宿舍的南向窗前，隔着双层钢床格子，居然出现了一张熟悉得让我敬畏的面孔——近乎光头的李岩——他是我在西北建筑工程学院的老师，虽没教过我，却还熟悉；而据说水平很高，但一向沉默，这导致敬畏。我一时不知他何以会出现在这宿舍里，只喊了声——李老师，就语塞了。他从桌前站起，转到床间过道，立在我面前，估计当时也不清楚我何以会在这扇门前，或许是看见我手中行李，他试探着问，我就局促地答，然后，然后我记得他在我面前使劲地晃着他的右手——不可再喊老师了，以后是同学了，是同学！

稍作寒暄，他就又转去桌前读他的书，这是他一向的作风。我倒能定下神来查看陌生的宿舍，李岩在门右手下铺，占据南面窗前的台面，不知从哪弄来两个大铁柜，上面架了块零号图板，已经码了一摞书，李岩正挤在图板与钢架床之间读书；门左的床上层已铺了褥子，朝南有张桌子上也搁些东西——后来知道那些属于宿舍年龄最小的张博；只剩下李岩上铺与张博下铺可选，或是对李岩的敬畏，让我放弃了与他对面的张博下铺，而选择了李岩的上铺铺设我的褥子，自然，门右侧背后的一角就成了我的书桌地盘。

清完书桌，坐而无事的当头，门又被撞开，门口出现一位扎着小辫，但酷似柯布的消瘦面孔，让我印象深刻的是，除了随身的背包以外，他似乎只带了本英文课本（后来据说是补考用的），他扫视了一下宿舍，看看无可选择，就将那本书顺手扔在我对面角落还没打扫的书桌上——这就是后来在我们那届大名鼎鼎绰号"大师"的吕彪。

这位来自昆明的吕彪，他的健谈而好辩甚至改变了我对李岩以往的沉默印象，吕彪宽广得近乎无边的知识慢慢诱出了李岩从未显露过的话题能力与罕见深度，辩论的话题多半相关建筑与艺术，让我颇觉沮丧的是——即便他们谈论建筑，我也因为深度不及而难以进入那些诱惑我的话题。我也曾尝试着介入他们的话题，李岩通常会先沉默，然后回到他的书桌，话题就往往忽然中断，这经历让我既觉尴尬也备受打击，而他们随时都能兴起的话题却让我无比神往。或许只是为了有效进入他们之间的那些话题，我开始了疯狂阅读，我逃到图书馆，以每天一本、但几无选择的阅读，慢慢为自己建立了这一终身受用的阅读习惯，然后回到宿舍，用细钢丝在桌前拉了块暗红布帘读那些被选择过的书——我那时并不具备选择书的判断力，但我信任李岩与吕彪的选择，我决定读他们桌上的一切书，李岩的书不多，但吕彪买书的速度就让我难以尽观——他后来不但收集到比任何图书馆还全的相关柯布的书籍，好像有二十几册，等两年半以后他毕业的时候，从一本英文书起家的他，居然要用一个小型集装箱来托运书籍，这真夸张。我如今还是难以想象，601狭小的宿舍怎能容纳他那么多书籍？或许是他霸占了张博的桌床空间，后者或者受不了我们三人每天各自一包烟的熏陶，很快就搬回他北京的家中。

这空床，后来就成为吕彪来自昆明的学生或朋友不定期的北京暂居点，那些"李姓"昆明人各具异像，特长不一，但都能带来各自的不同话题：

李琛背着一卷高与人等的油画却带来了相关文学话题——后来却投身了房地产；李昕住了将近一年，因为想报考电影学院，就带来一些先锋电影的话题——最近在英国读的却是人类学；还有绰号"地瓜"的黎南，我不记得他当时的话题情形，后来去南大读了王群的研究生——如今与吕彪一起在翟辉任系主任的昆明理工大学任职；而老清华资格的翟辉则高我们一届，他是李岩清华本科同学，那时他住在我们楼上，却几乎将601宿舍当作饭厅与起居室，时时前来对我们应该如何在清华生活、处事进行全方面的总指导。

这些统统被李岩称之为"滇人"的常客，本就为这个宿舍带来比任何课堂还多还有趣的话题，何况吕彪在外的名气还经常招致一些别的慕名而来的学习者，或"挑战者"。我还记得，有天夜里，来了两位（三位？）从国外学成的海归，拿来设计或别的什么，说是讨教，最后却与吕彪争论起来，结果似乎落荒而逃了，事后的吕彪颇似一只得胜的斗鸡，在宿舍里踱来踱去，把我们从各自读书的角落里揪出来说——你们真不够意思，见我被围攻也不帮帮，李岩不无调侃地说——你单挑就好像还绰绰有余嘛！吕彪不无得意的回答让我们绝倒，他说——那倒是，看看他们画的那些图，还不如老子冬天生了冻疮的左脚画的！

这类年轻轻狂的多重诙谐，在最近这些年再见吕彪时，已难得听到了。

那时，我已能慢慢进入他们的话题了，那真是我一生中最美好的读书时光。李岩除开读书、睡觉、与吕彪争辩或偶尔做做日本《新建筑》里的杂志竞赛之外，我几乎记不得他还做过什么了，而吕彪白天则多半在睡觉，下午则多半进城买书或别的什么新奇玩意，夜间却在大家都熟睡以后，独自精神抖擞地在凌晨时分，缩在他的一角静静地翻看新买的书，或者用成本的A3复印纸以及论重量买来的印刷纸手绘一些与建筑有关无关的画，速度惊人，数量也相当惊人，常常在第二天下午翻给我们看。吕彪交友的范围之广堪比其读书范围之阔——居然有和尚之类的人给他寄来抄写经文用的折叠长卷的空白厚纸，我们才得以看见他为楠溪江村落徒手绘制的洋洋长卷——没有事先的草稿，从一边到另一边，画成时大概总有几米长，据说至今还收藏在历史教研室。但他偶尔会在凌晨两三点钟一些骚动时刻，来骚扰我们入睡不久的酣梦，有个冬天，我被他们的争论吵醒，也没添衣，也没下床，披着棉被，坐在上铺床沿，加入了我如今记不得的话题……

多半时刻，我只是在帘子后静静地听，静静地读，读得最吃力的则是李岩那本由邹德侬翻译的厚厚的黑皮《西方现代艺术史：绘画、雕塑、建筑》，这几乎就是我的第一本书《极少主义：绘画、雕塑、文学、建筑》那标题的来历，而唯一增加的"文学"部分，则来自滇人李琛的刺激——当时我正读大仲马的《三剑客》一类的书，以了解路易十四那个时代的生活习气，李琛对这类书表示了不屑，他向我推荐了普鲁斯特与罗伯·格里耶这类我闻所未闻的作家的文学作品，通过这些我后来才有兴趣阅读图森看来枯燥的极少主义小说。

　　我自此养成很少直接阅读建筑设计或作品集之类东西的习惯，因为英文差得与吕彪相仿，相关国外建筑动向的讯息，则多半通过阅读一位名为沈克宁的作者及时与大量的介绍文章，以至于大概在 1995 年前后，一位与我们年龄相仿的沉稳健谈的客人来我们宿舍闲谈许久之后——当我们得知他就是沈克宁之后，都异常意外，在我们的想象中，能以那么快的速度撰写文章的人物总该在四五十岁上下，我不记得当初是怎样的机缘，让我们能有那次可能玄谈的话题，这"玄谈"被沈克宁最近在"现象学与建筑学"研讨会的一篇文章里叙及。大概也是那个时候，李岩与吕彪偶然讨论起吕彪桌上贡布里希某本著作不同译名的两个译本，他们针对到底是"艺术与错觉"还是"艺术与幻觉"的译名争论，让我记忆深刻，加上那时细读的由汪坦主编的那套红皮理论译丛，让我意识到建筑学里两个重要核心"艺术与技术"，尽管书里很少涉及具体的设计技巧，我却似乎积累了想要设计的欲望，但却不知如何下手。

　　后来去北京工业大学做了教师，在一种偶然机缘下，我获得为系办公室设计家具的机会，家具所提交的清晰的赋形线索，让我此后的设计在时间流逝的线索中简单得近乎单调。但十余年的时间，还是给了它某种值得回顾的深度与广度，而这广度多半是从吕彪那里听来的，而其深度却是从李岩那里学来的。我至今讲课的一些手势，据说已传染给了我的学生张翼，但那手势正是对李岩当年在宿舍交谈时的手势的无意模仿，而我也不准备刻意修改这手势里所指点的那一让我心安的 601 起点。

作者介绍

初，懵懂学建筑于西北建筑工程学院，虽有数门功课不及格而侥幸毕业；又于清华大学师从张复合教授研习近代建筑，虽因论文之事推迟半年亦能履冰而过；后于中国美术学院师从王国梁教授研修中国园林，却因英语语言的不过，虽毕业而未获博士学位。虽不博西语而好为人师，先是在北京工业大学任教五年，后被张永和聘至北京大学建筑学研究中心至今。为厘清讲义所断续撰写的几十篇杂文，居然有各类杂志愿意刊登，偶然著成的几本小书，居然多半重印，机缘巧合所建成的几幢建筑，也颇自得。近十年来迷恋造园，在造园之余，还能在北京大学开设"现当代建筑赏析"大课之外，亦将"中国古典园林赏析"的课程，从最初的三十余人的小课，开成一百余人的大课，心亦慰藉。

图书在版编目（CIP）数据

从家具建筑到半宅半园 / 董豫赣著 . -- 上海 : 同济大学出版社 , 2023.1
ISBN 978-7-5765-0438-5

Ⅰ . ①从 ... Ⅱ . ①董 ... Ⅲ . ①建筑设计 – 研究 Ⅳ . ① TU2

中国版本图书馆 CIP 数据核字 (2022) 第 220772 号

从家具建筑到半宅半园（修订版）

董豫赣 著

出版人：金英伟
责任编辑：李争
责任校对：徐逢乔
装帧设计：付超
版 次：2023 年 1 月第 1 版
印 次：2023 年 1 月第 1 次印刷
印 刷：上海丽佳制版印刷有限公司
开 本：889mm × 1194mm 1/24
印 张：5
字 数：156 000
书 号：ISBN 978-7-5765-0438-5
定 价：59.00 元
出版发行：同济大学出版社
地 址：上海市四平路 1239 号
邮政编码：200092
网 址：http://www.tongjipress.com.cn
经 销：全国各地新华书店

luminocity.cn

光 明 城

LUMINOCITY

"光明城"是同济大学出版社城市、建筑、设计专业出版品牌，致力以更新的出版理念、更敏锐的视角、更积极的态度，回应今天中国城市、建筑与设计领域的问题。